湖南大学出版社图书出版基金资助项目

局部特征尺度分解方法及其应用

程军圣 郑近德 杨 宇 著

湖南大学出版社
·长沙·

内 容 简 介

　　本书提出了一种新的信号处理方法——局部特征尺度分解（local characteristic-scale decomposition，LCD）方法，在对其理论进行研究和完善的基础上将该方法引入到机械故障诊断中。在理论研究方面，重点解决了 LCD 方法均值曲线的选择与改进、模态混淆和 LCD 分量瞬时特征的估计等问题。在应用研究方面，主要研究了基于 LCD 的机械故障振动信号的特征提取和模式识别问题，同时将 LCD 方法与其他数学方法相结合应用于机械故障诊断，提出了一系列基于 LCD 的机械故障诊断方法。

　　本书可供各大、中专院校教师，研究生和高年级学生阅读，还可供从事信号处理和机械故障诊断的科技人员参考。

图书在版编目（CIP）数据

局部特征尺度分解方法及其应用/程军圣，郑近德，杨宇著．—长沙：湖南大学出版社，2020.3
　　ISBN 978-7-5667-1806-8

　　Ⅰ.①局… Ⅱ.①程… ②郑… ③杨… Ⅲ.①信号处理—数学方法
Ⅳ.①TN911.7

中国版本图书馆 CIP 数据核字（2019）第 248364 号

局部特征尺度分解方法及其应用
JUBU TEZHENG CHIDU FENJIE FANGFA JIQI YINGYONG

著　　者：程军圣　郑近德　杨宇
责任编辑：黄　旺　**责任校对**：尚楠欣
印　　装：北京虎彩文化传播有限公司
开　　本：787mm×1092mm　1/16　**印张**：9.75　**字数**：263 千
版　　次：2020 年 3 月第 1 版　**印次**：2020 年 3 月第 1 次印刷
书　　号：ISBN 978-7-5667-1806-8
定　　价：30.00 元

出 版 人：李文邦
出版发行：湖南大学出版社
社　　址：湖南·长沙·岳麓山　　**邮　编**：410082
电　　话：0731-88822559（发行部），88821315（编辑室），88821006（出版部）
传　　真：0731-88649312（发行部），88822264（总编室）
网　　址：http://www.hnupress.com
电子邮箱：274398748@qq.com

前　言

局部特征尺度分解(local characteristic-scale decomposition，LCD)方法是作者在对经验模态分解、局部均值分解等方法研究的基础上，提出的一种新的自适应信号分解方法。该方法可以将一个复杂信号自适应地分解为若干个瞬时频率具有物理意义的内禀尺度分量(intrinsic scale component，ISC)之和，进一步便可以得到复杂信号完整的时频分布。LCD方法的创新点在于定义了一种新的瞬时频率具有物理意义的单分量信号——内禀尺度分量，并通过信号的局部特征尺度参数定义了一种新的均值曲线，基于该均值曲线实现复杂信号的自适应分解。与经验模态分解方法相比，LCD在计算速度、克服端点效应等方面有一定的优势。

自LCD方法提出以来，就引起了许多学者的关注，目前已经被广泛地应用于信号处理、机械故障诊断等领域。本书主要内容来源于国家自然科学基金项目"局部特征尺度分解(LCD)方法及其在机械故障诊断中的应用"(编号：51375152)的研究成果，同时也参考了国内外相关领域的学术论文。本书系统地研究了LCD方法，对其理论问题进行了研究和完善，并在此基础上，将LCD方法引入机械故障诊断，提出了一系列的基于LCD的机械故障诊断方法。

本书将理论研究、仿真验证和实际工程应用相结合，系统地研究了LCD方法的基本理论及其在机械故障诊断中的应用。全书共分7章。第1章对小波、希尔伯特-黄变换、局部均值分解等典型的时频分析方法进行了对比分析；第2章介绍了LCD方法的基本理论，并与EMD方法进行了对比；第3章对LCD方法的理论问题进行了研究和改进；第4章对LCD方法中的模态混叠问题进行了研究，并提出了解决方案；第5章研究了内禀尺度分量瞬时频率估计与解调方法；第6章提出了基于LCD和熵理论的旋转机械故障振动信号特征提取方法；第7章将LCD和模式识别方法相结合进行旋转机械智能故障诊断。

在本书的撰写过程中，参阅和引用了国内外相关领域的资料和成果，同时本书的出版得到了湖南大学出版社图书出版基金的资助，在此一并表示感谢。

作者水平有限，书中难免存在不妥之处，恳请读者批评指正。

作　者
2019 年 5 月

目　次

第1章 绪 论

1.1 旋转机械故障诊断技术研究的意义

如今,许多旋转机械设备如压缩机、发电机、风机和汽轮机等在冶金、电力和化工等现代工业部门中扮演着重要的角色,甚至是某些部门生产流程的关键或核心设备。然而,由于许多旋转机械设备工作的环境比较恶劣,而且通常连续满负载运行,其零部件不可避免地出现磨损,一旦这些机械设备出现故障,轻则可能会导致设备损坏,无法运转,严重的甚至会导致机器毁坏和人员伤亡,造成巨大的经济损失。因此,对旋转机械设备状态监测和故障诊断技术进行研究,以保障大型机械设备的安全高效运行,不仅能够避免巨额的经济损失和灾难性事故的发生,给企业和工业部门的安全生产方面带来经济效益,而且在国民经济和现代社会的发展中也具有重要的理论意义和实际意义[1-3]。

机械设备状态监测和故障诊断是一门新兴的交叉学科,它综合了机械、数学、力学、计算机等学科的理论和知识。机械故障诊断技术的研究可以分为两个方面:机械故障机理的研究和机械故障诊断方法的研究。机械故障机理的研究主要是以可靠性和故障物理为理论基础,研究故障的物理或数学模型,并依据模型对故障进行模拟或仿真以了解故障的成因及发展趋势,明确故障的动力学行为特征,从而进一步掌握典型的故障信号,提取故障征兆和建立故障样板模式。因此,研究的故障机理是研究故障诊断方法的理论基础,也是获得准确和可靠诊断结果的重要保证[1]。近年来,许多相关学者在机械故障机理方面做了大量的研究工作,并取得了许多有意义的成果[4-12]。

相比机械故障机理的研究,近年来,机械故障诊断方法的研究在理论上取得了快速的发展,国内外许多学者在故障诊断方法的研究上取得了丰硕的研究成果。然而,目前机械故障诊断技术和方法尚未能很好地满足故障诊断现场应用的实际需求,仍具有很大的研究潜力和空间,因此,探索和研究新的机械故障诊断方法和技术以及系统仍是机械学科研究的重点和热点。

1.2 时频分析方法

常用的机械故障诊断方法主要包括:油液分析、扭振分析、噪声分析、声发射分析和振动分析等[13]。其中,振动分析法因诊断速度快、结论可靠、故障定位准确以及可实现在线监测等在机械故障诊断领域中得到了广泛的应用。基于振动分析的旋转机械故障诊断方法一般可分为三个步骤:(1) 机械振动信号的采集;(2) 振动信号的处理与故障特征提取;(3) 故障模式的识别与诊断[14]。上述机械故障诊断的步骤中最关键的是振动信号的处理和故障特征提取。由于旋转机械的复杂性,当机械运行或发生故障时,其振动信号一般是非线性和非平稳的多分量信号,传统的基于傅里叶分析的方法只能处理线性和平稳信号,因此,对处理非线性和非平稳的机械振动信号,傅里叶分析方法不免有一定的局限[15,16]。为了从非平稳信号中提取故障特征,国内外很多专家学者进行了大量的研究,取得了很多有益的研究成果。近年来,时频分析的方法,如短时傅里叶变换[17,18]、Wigner-Ville 分布[19,20]、小波变换[21,22],以及基于信号自适应分解的时频分析方法,如希尔伯特-黄变换[23]、局部均值分解[24]等,由于能够同时提供振动信号的时域和频域局部信息,已经被广泛应用于旋转机械的状态监测与故障诊断,并取得了丰硕的研究成果[20,25-28]。

然而,上述时频分析方法都有各自不同的缺陷,如短时傅里叶变换的时频窗口是固定不可调的,Wigner-Ville 分布得到的时频分布图存在交叉项的干扰,小波变换母小波的选择和分解层数等不具有自适应性,希尔伯特-黄变换作为一种新的自适应的时频分析方法,虽然实现了信号的自适应分解,但是分解过程中会产生拟合误差、模态混叠和端点效应等,局部均值分解有计算量大,平滑次数的选择等问题[3]。下面重点介绍小波变换、希尔伯特-黄变换和局部均值分解相关理论,以及它们在机械故障诊断领域的应用现状。

1.2.1 小波变换

小波变换是法国地球物理学家 Morlet 在 20 世纪 80 年代在分析地震信号时提出的一种信号处理方法。与傅里叶变换相比,小波变换是时间-频率的局部化分析,通过伸缩平移运算对信号(函数)逐步进行多尺度细化,自动地适应信号时频分析的要求,可聚焦到信号的任意细节,克服了傅里叶变换不能同时分析时频域的缺陷,是继傅里叶变换之后在科学方法上的重大突破。之后的著名数学家 Meyer,Mallat 以及 Daubechies 等都对小波分析理论的发展和完善做出了巨大的贡献[29,30]。

如今,小波变换已经是一种应用非常广泛的信号处理工具,由于能够同时提供信号的时域和频域的局部化信息,而且具有多尺度特性,因此,在旋转机械故障特征频率的分离、微弱信号的提取和早期的故障诊断等方面都得到了广泛的应用。如:林京和屈梁生院士较早地将连续小波技术应用在滚动轴承滚道缺陷和齿轮裂纹的识别中,并指出连续小波变换具有很强的弱信号检测能力,非常适合故障诊断领域,并建立了"小波熵"的概念,以此作为基小波参数的择优标准[31];徐金梧和徐科通过小波包分解和信号重构提取滚动轴承动信号中被噪声所掩盖的由滚动表面剥落磨损所引起的冲击成分,分析滚动轴承出现内圈剥落、外圈剥落和正常情况下的振动信号,发现此方法可以有效地进行滚动轴承的故障诊断[32];郑海波和李志远根据连续小波变换具有较二进离散小波变换和小波包变换更精细的尺度分辨率的特点,提出了基于连续小波变换的时间平均小波谱的概念,同时建立了两种基于时间平均小波谱的谱形比较法和特征能量法,并用于变速箱齿轮的故障诊断[33];程军圣等针对滚动轴承故障振动信号的特点,通过构造脉冲响应小波,采用连续小波变换提取振动信号的特征,提出了两种新的滚动轴承故障诊断方法:尺度-小波能量谱比较法和时间-小波能量谱自相关分析方法,并通过分析滚动轴承外圈和内圈故障试验数据,发现两种方法都能检测到滚动轴承的故障,有效识别滚动轴承故障模式,为滚动轴承故障诊断提供了新的手段和途径[34];何正嘉等详细研究了基于小波分析理论的机械设备非平稳信号处理方法及应用[35];訾艳阳等将小波分析与非线性动力学的分形理论相结合,依据小波变换和分形理论在多尺度分析和自相似上的一致性,提出了一种小波分形技术,从而为非平稳故障诊断提供了一种有效的新技术[36];蒋平等比较了连续小波变换、短时傅里叶变换和维格纳-威利分布提取微弱信号特征的特性,发现连续小波变换的四阶累积量在微弱信号特征提取中有较好的效果[37];钱立军和蒋东翔研究了小波变换在横向裂纹转子升速过程状态监测中的应用,通过提取裂纹转子在升速过程中的特征,为实际旋转机械的振动故障诊断提供了依据[38];Zheng 等提出了一种基于连续小波变换的齿轮故障诊断方法[22];Lou 等提出了基于小波变换和自适应神经模糊推理系统的滚动轴承故障诊断方法[21];Peng 和 Chu 回顾了小波变换在机械状态监测和故障诊断领域的应用,并综述了不同小波的特点和在分析不同旋转机械故障中的优势[39];Hu 等将改进的小波包分解和支持向量机相结合,提出了一种基于小波包分解和支持向量机集成的旋转机械故障诊断方法[40];针对旋转机械故障中母小波选择困难的问题,Rafiee 等提出了一种选择母小波函数的方法,并将其应用于齿轮早期故障的诊断[41];Chen 等提出了一种基于振动信号模型的自适应小波变换方法,并将其应用于液压发动机的故障诊断[42];Tang 等提出了一种基于 Morlet 小波变换和 WVD 的风机故障诊断[43];Kankar 等研究了连续小波变换在滚动轴承故障诊断中的应用[44];Purushotham 等利用小波分析和隐马尔可夫模型对滚动轴承多类故障进行识别[45];最近,Yan 等对小波分析在旋转机械故障诊断领域的应用进行了详细的回顾,讨论了连续小波变换、离散小波变换、小波包变换以及第二代小波变换等在机械故障诊断的应用,并对小波变换在故障诊断的应用前景和趋势进行了预测[46]。

尽管小波变换在旋转机械故障诊断领域中得到了广泛的应用,但小波变换也有其固有的缺陷,主要表现在:(1)小波变换本质上是一种窗口可调的傅里叶变换,分解存在模态混叠问题;(2)不同的小波基,信号的分析效果不同,但如何根据待分析信号选择合适的小波基仍没有确切的标准;(3)小波变换虽然具有多分辨率分析的功能,但是小波基和分析尺度的选择决定了分辨率的大小,因此,本质上小波分析不具有自适应性。正是上述固有缺陷在一定程度上制约了小波变换在旋转机械故障诊断领域的进一步应用。

1.2.2　希尔伯特-黄变换

希尔伯特-黄变换(Hilbert-Huang transform,HHT)是 20 世纪 90 年代末由著名的美籍华人科学家 Huang N E 院士等提出的一种处理非线性和非平稳数据的时频分析方法,HHT 包含两部分:经验模态分解(empirical mode decomposition,EMD)和希尔伯特变换(Hilbert transform,HT),即对于一个多分量信号,首先采用 EMD 对其进行自适应分解,得到若干个瞬时频率具有明确的物理意义内禀模态函数(intrinsic mode function,IMF)和一个趋势项之和,再对得到的每个 IMF 进行希尔伯特变换,获取每个 IMF 的瞬时幅值和瞬时频率,进而得到原始信号的完整时频分布[16]。由于 HHT 非常适合处理非线性和非平稳信号,因此,该方法自提出以来,在海洋学、大气科学、语音分析、图像处理、地球物理、机械故障诊断等诸多工程领域都得到了广泛的应用[47]。湖南大学于德介教授研究团队和重庆大学秦树人教授研究团队较早地将 HHT 引入机械故障诊断领域,其他学者也对 HHT 理论进行了研究、应用和完善,取得了许多有意义的研究成果。如:程军圣等提出了基于 EMD 的能量算子解调方法,并将其应用于机械故障诊断,结果表明能量算子解调要优于 HT 解调[48],同时,针对滚动轴承提取故障特征困难的问题,还提出基于 EMD 和 AR 模型的滚动轴承故障诊断方法以及基于 EMD 和希尔伯特谱的机械故障诊断方法[49,50];钟佑明和秦树人依据 Hilbert 变换的局部乘积定理对 HHT 的理论依据进行了详细探讨[51];胡劲松研究了经验模态分解在旋转机械故障诊断中的应用[52],提出了一种基于 EMD 的旋转机械振动信号滤波技术[53];Liu 等将 EMD 和希尔伯特谱分析应用于齿轮箱故障诊断[54];Peng 等将小波分析与改进的希尔伯特-黄变换进行了对比,提出先对信号进行小波包分解,再对得到的窄带信号进行经验模态分解,确保得到的 IMF 分量为单分量信号,并对转子系统的碰摩故障以及滚动轴承的内、外圈局部故障进行了分析,结果表明该方法效果要优于原 EMD 方法[25,55];文献[56]采用 EMD 方法成功地提取了某压缩机的次谐波类故障特征信息;冯志鹏等采用基于 HHT 的时频谱对某水轮机启动过程的非平稳压力脉动信号进行了分析,得出了其时变规律[57];康海英等将计算阶次跟踪方法与经验模态分解技术相结合,提出一种研究旋转机械瞬态信号故障诊断的分析方法,结果表明阶次跟踪技术能够有效地避免传统频谱方法所无法解决的"频率模糊"现象,将非平稳信号转化为准平稳信号,经验模态分解方法能够提取包含故障信息的内禀模态函数,将两种方法相结合是对传统频谱分析法的有力补充[58];康守强等采用经验模态分解方法对振动信号进行分解,再对得到的每个内禀模态函数建立自回归模型,并估计模型的参数和残差方差,再以此作为各类状态信号的特征矩阵,同时结合改进的超球多类支持向量机分类器,从而实现了滚动轴承故障位置及性能退化程度的诊断[59];李琳等采用 EMD 滤波,再结合分形理论中的关联维数计算方法,对齿轮正常、齿根裂纹和断齿三种不同工况的振动信号进行识别,该方法降低了噪声对关联维数计算结果的影响,通过对仿真信号和齿轮箱实测信号进行分析,验证了该方法的有效性[60];为了提取振动信号不同频率的故障特征,Yang 等提出了一种基于 EMD、能量熵和人工神经网络的滚动轴承故障诊断方法[61];汤宝平等提出了一种基于形态奇异值分解和经验模态分解的滚动轴承故障特征提取方法[62]。

研究发现,EMD 有一个最主要的缺陷——模态混淆。针对此,Wu 等提出了一种基于噪声辅助分析的总体平均经验模态分解(ensemble empirical mode decomposition,EEMD),EEMD 通过向待分解信号中添加白噪声,均匀化极值点尺度,再采用 EMD 对加噪信号进行分解,对不同的分解结果进行总体平均,将得到的集成结果作为最终的分解结果[63]。窦东阳等通过仿真试验和实际动静碰摩故障案例证实了 EEMD 算法的有效性,并与 EMD 算法进行了对比,结果表明 EEMD 结果更准确[64];雷亚国提出了一种基于 EEMD 和敏感 IMF 的改进 HHT 方法,首先采用 EEMD 对振动信号分解,得到若干个无模式混叠的 IMF 分量,再通过敏感度评估算法从所有的 IMF 分量中选择最能反应故障特征的敏感 IMF,进而得到改进的 Hilbert-Huang 谱,并通过仿真试验和转子早期碰摩故障诊断的工程实例验证了改进 HHT 方法的有效性[65];为了更好提取振动信号故障特征,王书涛等提出了一种基于 EEMD 样本熵和 GK 模糊聚类的故障特征提取和分类方法,建立了一种机械故障准确识别的有效途径,并通过实验及工程实例数据验证了该方法的有效性和优越性[66];Lei 将 EEMD 应用于转子系统的故障诊断,通过实测信号分析结果表明 EEMD 效果要优于 EMD[67];Lei 等对 EMD 方法在旋转机械故障诊断的应用情况进行了一个全面总结,讨论了 EMD 方法存在的几个公开问题,并探讨了 EMD 在机械故障诊断未来研究的主题[68]。

虽然 HHT(EMD 和 HT)方法在机械故障诊断领域得到了广泛应用,但 HHT 仍存在包络过冲与不足、端点效应、模态混叠以及由 HT 引起的端点能量泄漏和无法解释的负频率等问题。针对这些问题,国内外相关学者相继提出了许多改进措施和方法,取得了一定的进展,但这些问题仍未完全解决,理论上仍需进一步发展和完善。

1.2.3　局部均值分解

局部均值分解(local mean decomposition,LMD)是 Smith 于 2005 年为了克服 EMD 的缺陷而提出的另一种自适应的信号分解方法[24]。LMD 将每一个复杂非平稳信号分解为若干个瞬时频率具有物理意义的类似于 IMF 的单分量信号——乘积函数(product function,PF)之和,其中每一个单分量信号是包络信号和纯调频信号的乘积。LMD 通过滑动平均的方式定义连接曲线,避免了 EMD 中三次样条函数的拟合及误差,分解自动得到包络信号和纯调频信号,对纯调频信号采用反余弦变换得到信号的瞬时相位和瞬时频率。LMD 方法提出不久,湖南大学程军圣教授和浙江大学杨世锡教授等较早地将其引入到机械故障诊断领域,其他学者也对 LMD 进行了研究,解决了 LMD 存在的部分理论和应用问题。如张亢等将局部均值分解与经验模态分解进行了对比,结果表明局部均值分解在端点效应和迭代次数方法要优于经验模态分解[69],并针对 LMD 的端点效应问题,提出了一种基于自适应波形匹配的端点处理方法[70];程军圣等分别研究了局部均值分解在滚动轴承和齿轮故障诊断中的应用,提出了基于局部均值分解的阶次跟踪分析以及基于局部均值分解循环频率和能量谱方法[71-73];陈保家等将 LMD 应用于机车故障诊断[74];刘卫兵等提出了基于局部均值分解和高阶矩谱的机械故障诊断方法[75];任达千等研究了 LMD 的端点效应对旋转机械故障诊断的影响[76];Chen 等提出了一种基于 LMD 的解调方法,并将其应用于机械故障诊断[77];Liu 等将 LMD 应用于风机的故障诊断[78];Yang 等提出了一种基于集成局部均值分解和神经网络的故障诊断方法,并将其应用于转子系统的碰摩故障诊断[79];Wang 提出了一种基于改进的 LMD 的解调方法,并将其应用于转子碰摩故障的诊断[80];李志农等提出了一种局域均值分解的机械故障欠定盲源分离方法,结果表明在处理非平稳信号混合的欠定盲源分离方面比传统时频域的盲源分离方法有更好的分离效果[81];张超等针对实际机械故障诊断中强噪声背景下难以提取故障特征的情况,提出了一种基于随机共振消噪和局域均值分解的轴承故障诊断方法,实验结果表明该方法可以提高信噪比,实现微弱信号的检测,有效地应用于轴承故障诊断[82];徐继刚等针对旋转机械复合故障振动信号的非平稳特征,通过局部均值分解方法将振动信号分解为若干个 PF 分量和一个残余分量之和,然后通过计算各 PF 分量与原始复合故障信号的相关系数来确定包含故障特征信息的主要成分,针对主要成分中的低频分量进行频谱分析从而提取故障特征,针对主要成分中的高频分量采用包络谱分析提取调制故障特征,对齿轮箱的轴承、轴复合故障振动信号进行分析结果表明了该方法的有效性和可行性[83];唐贵基等首先利用 LMD 算法对故障信号进行自适应分解,分解后获得一组位于不同频带的乘积函数分量,然后利用所提出的峭度准则对分解结果进行筛选,筛选出峭度值最大的 PF 分量,并对其包络信号做切片双谱分析,从而提取出故障特征频率信息,通过对实测轴承内圈、外圈故障振动信号进行分析,诊断结果证明该方法具有一定的可靠性[84];杨斌等针对齿轮故障振动信号的非平稳特征,提出了基于局部均值分解和主分量分析的齿轮损伤识别方法,实验数据分析结果表明本方法能有效地识别齿轮损伤类型[85];聂鹏等提出一种基于局部均值分解处理声发射信号的刀具故障诊断方法,实验结果表明该方法可以有效地应用于刀具故障诊断[86];王欢欢研究了基于 LMD 的风力发电机旋转机械故障诊断虚拟仪器系统[87]。

针对局部均值分解存在的模态混淆问题,程军圣等提出了一种总体平均局部均值分解方法,首先添加不同的白噪声到待分解信号,再采用 LMD 对加噪信号进行分解,将多次分解结果的平均值作为最终的分解结果,最后通过对仿真信号和转子局部碰摩试验数据进行分析,结果表明总体平均局部均值分解能有效地抑制 LMD 的模态混淆问题[88]。在此基础上,Yang 等将总体平均局部均值分解应用于转子碰摩故障诊断[79]。虽然 LMD 避免了 EMD 中的过包络、欠包络以及由希尔伯特变换而产生的负频率等问题,但是 LMD 本身也存在迭代计算量大、频率混淆、端点效应等问题。

1.3　主要研究内容

上述分析表明,目前在旋转机械故障诊断领域得到广泛应用的信号处理方法均有其优点及局限性,而这些局限性将影响到旋转机械故障诊断的精确性和可靠性,因此迫切需要新的理论和信号处理方法来提高现有旋转机械故障诊断水平。

局部特征尺度分解(Local characteristic-scale decomposition,LCD)是在研究了 EMD 和 LMD 方法的基础上提出的一种新的信号分解方法。EMD 和 LMD 和这类信号分解方法的共同点是,通过定义瞬时频率具有物理意义的单分量信号,依据单分量信号的定义来定义均值曲线,通过不断的筛分,从而实现对信号自适应分解。因此,EMD 等方法在提供有效的自适应时频分析方法的同时,也提供了一个很好的自适应时频分析思路,即首先假设任意一个复杂信号由若干个瞬时频率具有物理意义的单分量信号组成,并给出瞬时频率具有物理意义的单分量信号的定义条件,然后据此条件对信号进行自适应分解。因此,这类信号分解方法的关键是如何给出瞬时频率具有物理意义的单分量信号所需要满足的条件。实际上,EMD 中定义的IMF 分量或者 LMD 中定义的 PF 分量需要满足的条件都只是瞬时频率具有物理意义的充分条件,而非必要条件,也就是说,满足其他条件的单分量信号的瞬时频率也同样可以具有物理意义。正是由于 EMD 和 LMD 中分别采用各自的方式来定义 IMF、PF 分量从而导致了EMD、LMD 方法的某些缺陷,如 EMD 的计算速度慢、LMD 的信号突变、滑动平均计算量大等问题。

为了避免这些缺陷,本书基于信号极值点的局部特征尺度参数,定义了另一种瞬时频率具有物理意义的单分量信号——内禀尺度分量(intrinsic scale component, ISC)。同时在定义ISC 的基础上,提出了一种新的自适应信号分解方法——局部特征尺度分解(LCD)。与 EMD 和 LMD 相比,LCD 在计算速度、频率分辨率以及抑制端点效应和模态混叠等方面有一定的优越性。

本书作者在国家自然科学基金项目(项目编号:51375152)的资助下,深入研究了局部特征尺度分解方法及相关理论。理论方面,对 LCD 方法及其理论进行了研究和改进,主要包括:(1)LCD 均值曲线改进;(2)模态混叠的解决;(3)ISC 分量瞬时频率估计等。在此基础上,提出了若干种信号的时频分析和解调方法。应用方面,将 LCD 和基于熵的复杂性理论相结合,应用于机械故障振动信号的特征提取。同时针对单一尺度熵存在的问题,研究和发展了基于粗粒化方式的多尺度分析理论和基于 LCD 分解的自适应多尺度分析理论。同时,为了实现机械故障的智能诊断,在研究振动信号的故障特征提取方法的基础上,本书还发展了基于 LCD 和模式识别理论的旋转机械智能故障诊断,并提出了若干种旋转机械故障诊断方法。

本书的主要研究内容包括:

(1)针对常用的机械振动信号处理方法存在的缺陷,在定义瞬时频率具有物理意义的单分量信号——内禀尺度分量的基础上,提出了一种新的非平稳数据处理方法——局部特征尺度分解。

(2)针对局部特征尺度分解均值曲线定义存在的问题,提出了基于分段多项式的改进的局部特征尺度分解和广义经验模态分解方法,并通过仿真信号和实验数据将两种方法与经验模态分解和局部特征尺度分解进行了对比。

(3)针对局部特征尺度分解和经验模态分解的模态混叠问题,提出了两种抑制模态混叠的新方法——部分集成局部特征尺度分解和完备总体平均局部特征尺度分解。为了解决经验模态分解的模态混叠,提出了部分集成经验模态分解和基于伪极值点假设的经验模态分解,并通过分析仿真信号将提出的方法与 EMD 和 LCD 方法进行了对比。

(4)针对现有单分量信号瞬时频率估计方法存在的缺陷,提出了两种新的单分量信号瞬时频率估计方法——经验包络法和归一化正交法。同时,针对机械振动信号这类多分量信号解调难的问题,提出了基于 LCD 的经验包络解调方法和基于 GEMD 与归一化正交解调方法,并对仿真和试验信号进行分析,结果表明本书提出的方法能有效地提取机械振动信号的故障特征,实现机械设备故障诊断。

(5)针对机械振动信号故障特征提取难的问题,提出了基于局部特征尺度分解和熵理论的振动信号特征提取方法。在此基础上,发展了多尺度理论,并扩展了多尺度熵、多尺度模糊熵和多尺度排列熵等非线性动力学参数的应用,将它们应用于机械振动信号的特征提取。

(6)为了实现机械故障智能诊断,将最近提出的模式识别方法——基于变量预测模型的模式识别(VPMCD)方法的应用扩展到旋转机械故障诊断领域。

第 2 章　局部特征尺度分解(LCD)方法

2.1　引　言

机械设备故障振动信号大部分是非线性和非平稳信号,传统的基于傅里叶分析的线性信号处理方法不可避免地有一定的局限性。时频分析方法如短时傅里叶变换、小波变换、希尔伯特-黄变换(HHT)、局部均值分解(LMD)等,由于能够同时提供信号时域和频域局部信息从而在机械故障诊断中得到了广泛的应用[6,35,89]。

HHT 方法是 20 世纪 90 年代末由美籍华人科学家 Huang N E 院士等提出的一种处理非线性和非平稳数据的时频分析方法[23,90,91]。该方法包含两部分:经验模态分解(EMD)和希尔伯特变换(HT)。EMD 能够自适应地将一个复杂信号分解为若干个内禀模态函数(IMF)之和,再对得到的每一个 IMF 分量做 HT,得到其瞬时幅值、瞬时相位和瞬时频率信息,进而可得到原始信号的完整时频分布。HHT 方法自提出后,在经济数据、大气科学、地震数据分析、结构模态识别、语音和生物信号分析、图像数据处理以及机械故障诊断等诸多方面和工程领域都得到了广泛应用[14,50,92-98]。但 HHT 方法也存在许多问题,一方面,EMD 缺少理论模型和数学基础,对分量的物理意义缺乏合理的数学模型解释[99];另一方面,EMD 在使用过程中会产生过包络、欠包络、频率混淆、端点效应以及由希尔伯特变换而产生的端点能量泄漏和无法解释的负频率等[16]。这些问题虽然取得了一定的研究进展,但是仍未得到完全解决。

局部均值分解(LMD)是 Smith 为了克服 HHT 的不足而提出的另一种时频分析方法[24]。LMD 将一个单分量的调幅调频信号看成是其本身包络和一个纯调频信号的乘积,即 PF 分量,自适应地将一个复杂信号分解为若干个瞬时频率具有物理意义的 PF 分量之和。LMD 避免了 EMD 中的过包络、欠包络以及由希尔伯特变换而产生的负频率等问题,有一定的优势,因此,很快被相关学者引入到机械故障诊断领域,取得了良好的应用效果[3,87,100]。但是 LMD本身也存在迭代计算量大、频率混淆、端点效应等问题。之后,Frei 和 Osorio 提出了另外一种自适应时频分析方法——本征时间尺度分解(intrinsic time-scale decomposition,ITD)[101]。ITD 方法能够自适应地将任何复杂信号分解为若干个相互独立的合理旋转分量(proper rotation,PR)之和。但是经研究发现,由于 ITD 方法中对基线(或称为均值曲线)的定义是基于信号本身的线性变换,从第二个分量开始,得到的 PR 分量不同于一般意义上的 IMF,有明显的信号波形失真,这导致得到的信号的时频分布也出现较大的失真。

虽然 EMD、LMD 与 ITD 方法有各自的优点和缺陷,但是它们在思想上却有一个共同点,即首先定义一种瞬时频率具有物理意义的单分量信号,然后据此对信号进行自适应分解。因此,EMD 等方法在提供有效的自适应时频分析方法的同时,也提供了一个很好的自适应时频分析思路,即首先假设任意一个复杂信号由若干个瞬时频率具有物理意义的单分量信号组成,并给出瞬时频率具有物理意义的单分量信号的定义条件,然后依据此条件对原始信号进行自适应地分解。

在 EMD、LMD、ITD 这类自适应时频分析方法中,关键的问题是如何给出瞬时频率具有物理意义的单分量信号所需要满足的条件。实际上,EMD 方法中定义的 IMF 分量或者 LMD 方法中定义的 PF 分量需要满足的条件都只是瞬时频率具有物理意义的充分条件,而并非必要条件,也就是说满足其他条件的单分量信号的瞬时频率也同样可以具有物理意义。而正是由于 EMD 和 LMD 方法中分别采用上述的条件来定义 IMF、PF 分量而导致了 EMD、LMD 方法的某些缺陷,如 EMD 方法的计算速度慢、LMD 方法中的信号突变等问题。为了避免这些缺陷,本书基于信号极值点的局部特征尺度参数,定义了另一种瞬时频率具有物理意义的单分量信号——内禀尺度分量(ISC)。同时在定义 ISC 的基础上,结合现有时频分析方法的共有特征,提出了一种新的自适应信号分解方法——局部特征尺度分解(LCD)。

2.2 经验模态分解

经验模态分解假设一个复杂信号可被分解为有限个瞬时频率具有物理意义的单分量信号——内禀模态函数(IMF)和一个趋势项之和。其中,IMF 分量的定义满足如下两个条件[23,91]:

(Ⅰ)在整个数据段中,极值点个数与过零点个数必须相等,或最多相差不超过一个;

(Ⅱ)在数据的任一点,由信号极大值定义的上包络线和由信号极小值定义的下包络线的平均值为零。

条件(Ⅰ)的限制类似于传统的平稳高斯过程中关于窄带信号的定义;条件(Ⅱ)则把全局的限定改为局部限制,这种限制是必需的,是为了去除由于波形不对称而造成的瞬时频率的波动。条件(Ⅰ)和(Ⅱ)保证了单分量信号的瞬时频率具有物理意义。

在定义了瞬时频率具有物理意义的内禀模态函数(IMF)的基础上,Huang 等提出了经验模态分解算法(EMD)[98]。

对实信号 $x(t)(t>0)$,EMD 分解步骤如下:

(1)确定信号 $x(t)$ 的所有极大值点和极小值点,采用三次样条函数分别将所有极大值点和极小值点连接起来,得到信号的上包络线 $u(t)$ 和下包络线 $v(t)$。

(2)定义信号的均值曲线 $m_1(t)$ 为上、下包络线的平均值,即

$$m_1(t) = \frac{u(t) + v(t)}{2} \tag{2.1}$$

(3)将均值曲线从原始信号中分离,即

$$x(t) - m_1(t) = h_1(t) \tag{2.2}$$

理想地,若 $h_1(t)$ 是一个 IMF 分量(满足一定的判据条件),则 $h_1(t)$ 是 $x(t)$ 的第一个分量。

(4)若 $h_1(t)$ 不满足 IMF 定义条件,则将 $h_1(t)$ 视为原始数据,重复上述步骤(1)~(3),得到 $h_1(t)$ 上下包络线的平均值 $m_{11}(t)$。若 $h_{11}(t) = h_1(t) - m_{11}(t)$ 满足 IMF 的条件,则 $h_{11}(t)$ 是 $x(t)$ 的第一个分量;若仍不满足,则重复循环上述过程 k 次,直到 $h_{1k}(t) = h_{1,k-1}(t) - m_{1k}(t)$ 满足 IMF 的定义,记 $c_1 = h_{1k}$,则 c_1 为 $x(t)$ 的第一个 IMF 分量。

(5)将 c_1 从 $x(t)$ 中分离出来,得到剩余信号 $r_1(t)$,即

$$r_1(t) = x(t) - c_1 \tag{2.3}$$

再将 $r_1(t)$ 作为原始数据重复以上过程(1) ~ (4),得到 $x(t)$ 的第二个 IMF 分量 c_2;重复上述步骤 n 次,得到信号 $x(t)$ 的 n 个 IMF 分量 $c_1,c_2,\cdots,c_n$,直到 r_n 是一个单调或极值点个

数不超过三个的函数，循环结束。即

$$r_2(t) = r_1(t) - c_2,$$
$$\vdots$$
$$r_n(t) = r_{n-1}(t) - c_n,$$

至此，原始信号 $x(t)$ 被分解为如下形式：

$$x(t) = \sum_{i=1}^{n} c_i + r_n(t) \tag{2.4}$$

由上述过程知，任何一个复杂信号 $x(t)$ 可被分解为有限个内禀模态函数（IMF）和一个趋势项之和，其中，IMF 分量 $c_1, c_2, \cdots, c_n$ 包含了原信号从高到低不同频率段的成分。从基函数理论的角度看，对不同的信号，EMD 分解出的基函数不同，因此，EMD 的基不同于傅里叶分解的基和小波分解的小波基，而是依据分解数据的特征，自适应地选择基函数。EMD 是一种自适应的、高效的数据分解方法，由于这种分解是以局部时间尺度为基础，因此，它能够很好地反映数据的局部特征，非常适应于处理非线性和非平稳数据，已被应用于诸多工程领域。但是，EMD 方法还存在很多问题，如由三次样条拟合引起的过包络和欠包络、端点效应、模态混叠等问题，这些问题的研究虽然取得了一定的进展，但是还未被完全解决。本书在研究了瞬时频率具有物理意义的单分量信号的定义和现有信号分解方法的基础上，提出了一种新的信号自适应分解方法——局部特征尺度分解（LCD）。

2.3 LCD 方法

2.3.1 ISC 定义

在定义瞬时频率具有物理意义的单分量信号之前，先考察瞬时频率具有物理意义的典型单分量信号，如正弦（或余弦）信号、调幅信号、调频信号、调幅调频信号。图 2.1 给出了这四种典型信号的时域波形图。图中，连接任意两个相邻的极大值点的线段与过二者之间的极小值点且垂直于横轴的直线相交于 A 点。图 2.1 中它们都有一个共同点，那就是 A 点与极值 B 点关于横轴近似对称。由此可以给出新的瞬时频率具有物理意义的单分量信号所需要满足的条件。

LCD 方法假设任何复杂信号由不同的 ISC 分量组成，任何两个 ISC 分量之间相互独立，这样任何一个信号 $x(t)$ 就可以被分解为有限个 ISC 分量之和，其中任何一个内禀尺度分量需满足以下两个条件：

（Ⅰ）整个数据段内，极大值为正，极小值为负，且任意两个相邻的极大值与极小值之间呈现严格单调性。

（Ⅱ）整个数据段内，假设所有极值点为 X_k，对应的时刻为 $\tau_k, k = 1, 2, \cdots, M$，其中 M 为极值数目。由任意两个相邻的极大（或小）值点 (τ_k, X_k)、(τ_{k+2}, X_{k+2}) 确定的直线 l_k（$y = \dfrac{X_{k+2} - X_k}{\tau_{k+2} - \tau_k}(t - \tau_k) + X_k$）在二者之间的极值 X_{k+1} 对应的时刻 τ_{k+1} 处的函数值（记为 A_{k+1}）与 X_{k+1} 的比值保持不变，更一般地，即要满足：

$$aA_{k+1} + (1-a)X_{k+1} = 0, a \in (0, 1) \tag{2.5}$$

其中

$$A_{k+1} = X_k + \frac{\tau_{k+1} - \tau_k}{\tau_{k+2} - \tau_k}(X_{k+2} - X_k) \tag{2.6}$$

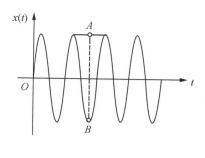

(a) 正弦信号

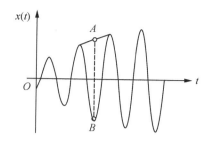

(b) 调幅信号

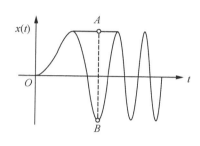

(c) 调频信号

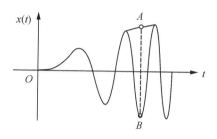

(d) 调幅调频信号

图 2.1 瞬时频率具有物理意义的四种典型单分量信号

（图中 A 点为相邻两极大值的连线在中间极小值时刻的取值，B 为极小值）

一般地，a 取 0.5，此时 $\dfrac{A_{k+1}}{X_{k+1}} = -1$。

满足上述条件（Ⅰ）（Ⅱ）的单分量信号，称为内禀尺度分量（ISC）。条件（Ⅰ）要求相邻的极值点之间单调，是为了消除骑波的情形，保证波形的单一。条件（Ⅱ）是为了保证得到的 ISC 的波形的光滑性和对称性。条件（Ⅰ）（Ⅱ）保证了 ISC 分量在任意极大值点和相邻的极小值点之间具有单一模态，局部吻合正余弦曲线，瞬时频率具有物理意义。

2.3.2 LCD 过程

在定义 ISC 分量的基础上，提出了一种新的信号分解方法——局部特征尺度分解（LCD）。对于复杂信号 $x(t)(t>0)$，采用 LCD 对其进行分解，步骤如下：

（1）确定信号 $x(t)$ 的极值点 X_k 及对应的时刻为 τ_k，$k=1,2,\cdots,M$，设置式（2.5）中参数 a 的值，一般取 $a=0.5$。

（2）依据公式（2.6）计算所有相邻极大（或极小）值点 (τ_k, X_k)、(τ_{k+2}, X_{k+2}) 确定的直线 l_k $\left[y = X_k + \dfrac{(X_{k+2}-X_k)(t-\tau_k)}{\tau_{k+2}-\tau_k} \right]$ 在二者之间的极值点 X_{k+1} 所对应的时刻 τ_{k+1} 处的函数值 A_{k+1} 及对应 L_{k+1} 的值，其中

$$L_{k+1} = aA_{k+1} + (1-a)X_{k+1}, \quad k=1,2,\cdots,M-2 \tag{2.7}$$

由于 A_k 和 L_k 的值的下标 k 是从 2 到 $M-1$，因此需要估计端点 L_1，L_M 的值，一般的做法是对原始数据进行延拓，类似于 EMD 中端点延拓方法[102-105]。通过对极值点延拓，得到左右两端的极值点 (τ_0, X_0)，(τ_{M+1}, X_{M+1})。再令 k 分别等于 0 和 $M-1$，依式（2.6）求出 A_1，A_M，再依式（2.7）求出 L_1 与 L_M。

（3）采用三次样条函数拟合所有的 $L_1, L_2, \cdots, L_M$，得到基线（Base-line，或称为均值曲线）

11

$BL_1(t)$。

(4)将基线信号 $BL_1(t)$ 从原信号 $x(t)$ 中分离,即

$$h_1(t) = x(t) - BL_1(t) \tag{2.8}$$

若 $h_1(t)$ 满足条件(I)和(II),是一个 ISC,则输出 $h_1(t)$ 并令 $ISC_1 = h_1(t)$,否则将 $h_1(t)$ 作为原始数据 $x(t)$,重复上述步骤(2)~(4),循环 k 次,直至 $h_{1,k}(t)$ 满足 ISC 条件,即

$$h_{1,k}(t) = h_{1,k-1}(t) - BL_{1,k-1}(t) \tag{2.9}$$

$h_{1,k}(t)$ 为第一个 ISC,记 $I_1(t) = h_{1,k}(t)$。

(5)将 I_1 分量从原信号 $x(t)$ 中分离,得到剩余信号 $u_1(t)$,即

$$u_1(t) = x(t) - I_1(t) \tag{2.10}$$

再将 $u_1(t)$ 视为原始数据,重复上述步骤(1)~(5),直到 $u_n(t)$ 为单调或常函数,依次得到 ISC 分量 $I_1(t), I_2(t), \cdots, I_n(t)$ 和趋势项 $u_n(t)$。

(6)原信号 $x(t)$ 即被分解为 n 个 ISC 和一个趋势项 $u_n(t)$ 之和,即

$$x(t) = \sum_{i=1}^{n} I_i(t) + u_n(t) \tag{2.11}$$

上述分解步骤(4)需要选择 ISC 分量的判据条件,这里采用基于 Cauchy 准则的标准偏差法(standard deviation,SD)[23,91,98],SD 定义为

$$SD = \sum_{t=0}^{T} \left[\frac{|h_{ik}(t) - h_{i,k-1}(t)|^2}{h_{i,k-1}^2(t)} \right] \tag{2.12}$$

其中,T 表示时间长度。为了得到理想 ISC 分量,一般地 SD 取值不大于 0.3,即当 SD≤0.3 时,则认为 $h_{1,k}(t)$ 满足 ISC 分量条件,停止迭代。

2.4 LCD 与 EMD 比较分析

为了说明 LCD 的优越性,需要将其与现有分解方法进行对比。研究发现,LMD 和 ITD 虽然在某些方面对 EMD 进行了改进,但就最终分解效果来讲,EMD 方法仍具有优势,而且相对于 LMD 和 ITD,EMD 要更常用、应用要更广泛。基于此考虑,同时为了节约篇幅,避免不必要重复比较工作,本书仅将 LCD 与 EMD 方法进行对比。

不失一般地,首先考察式(2.13)所示仿真信号 $x(t)$:

$$x(t) = x_1(t) + x_2(t), t \in [0,1] \tag{2.13}$$

其中,$x_1(t) = [1 + 0.5\sin(\sin 5\pi t)]\cos(500\pi t + 20\pi t^2)$,$x_2(t) = 4\sin(\sin 40\pi t)$。混合信号 $x(t)$ 由一个调幅调频信号和一个正弦信号叠加而成,$x(t)$ 及其两个组分的时域波形如图 2.2 所示。

为了比较 EMD 和 LCD 两种分解方法的分解效果,分别考虑端点效应未处理和处理后两种情况,其中端点处理都采用 Rilling 等提出的镜像对称延拓方法[105]。

首先,采用 EMD 对式(2.13)信号 $x(t)$ 进行分解。IMF 分量的判据是 SD<0.3 时终止迭代。端点效应未处理和处理后的分解结果分别如图 2.3 和图 2.4 所示,其中 C_i 表示第 i 个 IMF 分量,r_i 表示残余项。

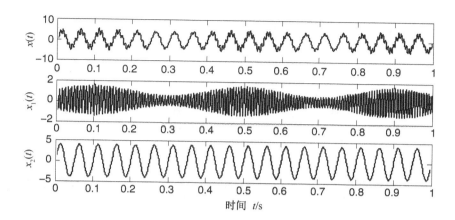

图 2.2　仿真信号 $x(t)$ 及其分量的时域波形

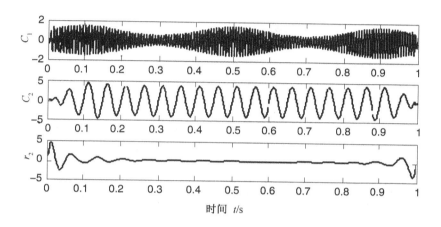

图 2.3　端点效应未处理信号 $x(t)$ 的 EMD 分解结果

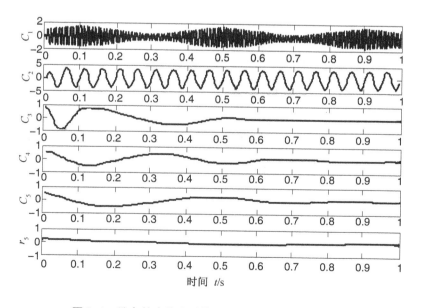

图 2.4　端点效应处理后信号 $x(t)$ 的 EMD 分解结果

再采用 LCD 方法对 $x(t)$ 进行分解,ISC 分量的判据是 SD<0.3 时终止迭代。端点效应未处理和处理后的 LCD 分解结果分别如图 2.5 和图 2.6 所示,其中 C_i 表示第 i 个 ISC 分量,r_i 表示残余项。

为了比较两种分解方法得到的分量与真实分量的吻合程度,分别采用相对误差能量和相关系数作为评价指标。两种分解方法得到前两个分量与对应真实分量 $x_1(t),x_2(t)$ 的相对误差能量和相关系数如表 2.1 所示。同时为了比较二者的分解速度,由 EMD 和 LCD 得到前两个分量所需的时间和迭代次数,如表 2.2 所示。

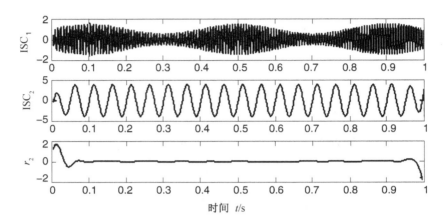

图 2.5　端点效应未处理信号 $x(t)$ 的 LCD 分解结果

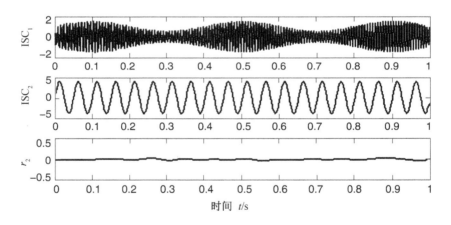

图 2.6　端点效应处理后信号 $x(t)$ 的 LCD 分解结果

表 2.1　两种方法分解得到的分量与真实值的误差和相关性

分量	C_1	C_2	ISC_1	ISC_2
相对误差	0.934 7	1.024 0	0.859 7	0.211 6
相关系数	0.998 3	0.993 3	0.999 4	1.000 0

表 2.2　两种方法得到前两个分量所需的时间和迭代次数

分量	C_1	C_2	ISC_1	ISC_2
耗时/s	0.218 0	0.250 0	0.062 0	0.031 0
迭代次数	10	20	8	3

由图 2.3 和图 2.4 可以看出，EMD 分解结果有明显的端点效应，而且产生了较多的虚假分量 C_3、C_4 和 C_5。从图 2.5、图 2.6 和表 2.1 可以看出，与 EMD 相比，LCD 分解得到的分量与真实值的相关系数更高且相对误差更小，更接近真实值，端点效应也不明显。此外，由表 2.2 也易看出，与 EMD 相比，在相同终止条件下 LCD 分解得到第一个和第二个分量所需的迭代次数和耗时都比 EMD 要少。此例表明：与 EMD 相比，LCD 在分解速度和分解效果方面有一定的优越性。

为了比较两种分解方法分量的瞬时特征的精确性，对两种分解方法分解端点效应处理后数据得到的前两个分量，采用 HT 提取它们的瞬时频率和瞬时幅值，结果分别如图 2.7 和图 2.8 所示。

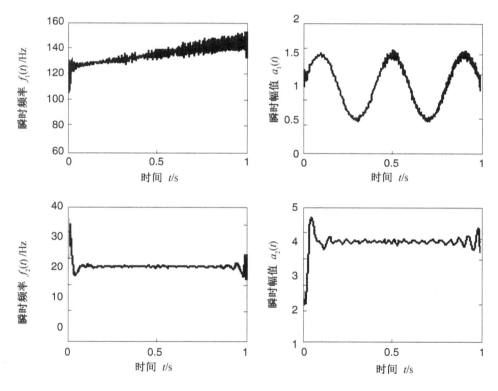

图 2.7　EMD 分解得到的分量 C_1 和 C_2 的瞬时频率和瞬时幅值

图 2.7 和图 2.8 中，EMD 和 LCD 两种方法第一个分量的瞬时幅值和瞬时频率结果非常接近，无明显差别。但是，比较两种方法第二个分量的瞬时幅值和瞬时频率可以发现，ISC_2 无论瞬时频率还是瞬时幅值都比 C_2 准确，而且波动性更小，C_2 的瞬时特征的端点效应也比较明显，这也从侧面反映了 EMD 的端点效应较 LCD 严重。

为了说明 LCD 在频率分辨能力和抑制模态混叠方面要优于 EMD 方法，不失一般地，考察式(2.14)所示混合信号 $x(t)$：

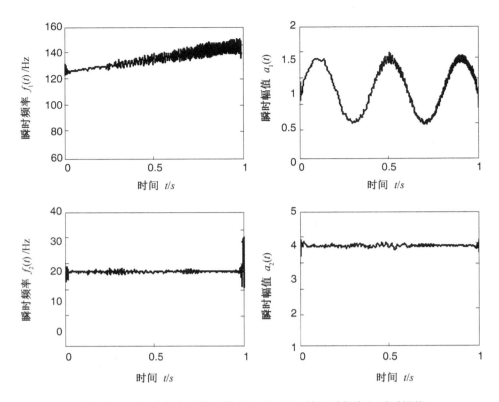

图 2.8　LCD 分解得到的分量 ISC_1 和 ISC_2 的瞬时频率和瞬时幅值

$$x(t)=x_1(t)+x_2(t),t \in [0,1] \tag{2.14}$$

其中 $x_1(t)=[1+0.5\sin(2\pi4t)]\sin(2\pi90t),x_2(t)=\sin(2\pi50t)$。$x(t)$ 与其两个分量的时域波形如图 2.9 所示。分别采用 EMD 和 LCD 方法对其进行分解,结果分别如图 2.10 和图 2.11 所示。

　　由图 2.10 和图 2.11 可以看出,由于待分解信号的两个分量的频率为 50 Hz 和 90 Hz,较为接近,EMD 无法完全分辨出,出现了模态混叠,而 LCD 则能够分辨出两个分量成分,得到合理的分解结果。这说明 LCD 方法在分解能力和抑制模态混叠方面有一定的优越性。

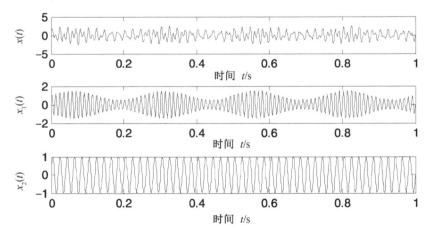

图 2.9　仿真信号式(2.14)及其分量的时域波形

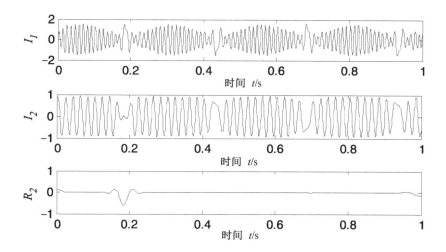

图 2.10　仿真信号式(2.14)的 EMD 分解结果

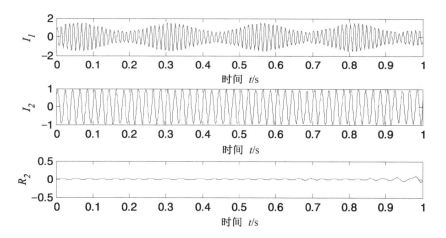

图 2.11　仿真信号式(2.14)的 LCD 分解结果

第3章　基于均值曲线改进的 LCD 方法及理论

3.1　引　言

LCD 自适应地将一个复杂信号分解为若干个相互独立的内禀尺度分量(ISC)之和。第2章研究表明,对于某些信号 LCD 在迭代速度和分解能力、抑制模态混叠等方面有一定的优势。但是 LCD 也存在其固有的缺陷,即在 LCD 方法中,其均值曲线的定义是通过直线连接相邻的同类极值,这对于相邻幅值差值较大的数据,连线会与数据相交,不符合包络线的定义,仍需要进一步改进。LCD 和 EMD 这类方法的关键是定义合理的均值曲线,均值曲线的定义的优劣直接决定了方法的有效性和精确性。本章节通过采用分段多项式取代原来的直线连接,从而提出了改进的局部特征尺度分解(improved LCD, ILCD)。ILCD 采用分段插值多项式连接相邻的同类极值点,并且保证了局部包络线与数据点在极值点处相切,因此得到的曲线符合数学上关于包络线的定义。

事实上,LCD 和 EMD 本质上无明显区别,都是在基于瞬时频率具有物理意义的单分量信号的基础上,定义一种基于均值曲线的筛分过程,通过筛分过程不断从原始信号中分离出相对高频的分量。因此,在这类基于筛分过程分解方法中,核心问题是如何定义合理的均值曲线。

EMD 方法中均值曲线定义为上、下包络线的均值,其中上、下包络线分别由三次样条拟合极大值和极小值而成,不可避免地会产生欠包络和过包络以及拟合误差等问题。Chen 等提出的用 B 样条代替三次样条[106],Pegram 等提出的用有理样条代替三次样条,这两种改进三次样条插值的方法虽然克服了三次样条带来的问题,但同时又引入了其他参数,对大部分信号,上述两种改进分解方法的效果与原 EMD 相比不是很明显[107]。盖强和马孝江等避开了上、下包络线的定义,直接由数据的极值点定义均值曲线,提出了局域波分解方法,局域波分解本质上也与 EMD 无明显区别[108,109]。最近,Frei 等提出了一种新的时频分析方法——本征时间尺度分解(ITD),ITD 基于极值的特征尺度和数据本身线性变换,提高了计算速度,避免了拟合误差以及端点效应向数据内部的扩散影响,然而 ITD 方法由于采用线性变换,会导致得到的分量出现波形失真。本书提出的 LCD 方法克服了 ITD 低频波形易失真的不足,给出了一种新的均值曲线定义,但就分解效果和构造思路来讲,LCD 也是一种 EMD 的变异方法。

上述基于均值曲线的改进的 EMD 变异的方法,有一个共同点,即都是通过定义新的均值曲线和筛分过程,实现信号的自适应分解。可能对某些信号而言,上述改进的方法在分解速度或精确性等某一方面有所提高,而对另外的信号,原 EMD 方法仍具有其独特的优势。事实上,即使对同一个信号不同频段的分量,采用不同分解方法分解,也无法确定哪种方法的分解效果是最优的,因为不同频段的分量的特征不同,有些是调幅调频的,有些是纯调频的,有些是谐波等,因此,可能对第一个分量 EMD 的分解效果是最好的,但对第二个分量可能 LCD 的分解效果是最好的。对于实际信号往往很难判定哪种信号分解方法是最优的。

基于上述考虑,综合 EMD、ITD、局域波分解和 LCD 等方法的特点,本章节提出了一种新的时频分析方法——广义经验模态分解(generalized empirical mode decomposition,GEMD)。GEMD 通过定义不同的均值曲线,对每一阶从高频到低频进行筛分,从得到的所有分量中选择最优作为最终的 IMF 称为广义 IMF(generalized IMF,GIMF),再将其从原始信号中分离,并将剩余信号视为原始信号,不断重复上述筛分过程,直到剩余信号满足迭代终止条件。详细研究了 GEMD 方法的分解性能、正交性和完备性,研究了 GIMF 判据和分解能力,同时将其应用于机械故障诊断。仿真和实测信号分析结果表明,GEMD 方法在分解精确性、正交性和抑制端点效应等方面优于 EMD 和 LCD 方法。

3.2 基于分段多项式的改进局部特征尺度分解(ILCD)

3.2.1 ILCD 过程

第 2 章第 3 节定义的 LCD 方法中 L_k 实际上是基于相邻极大(或极小)值的连线在中间极小(或极大)值处的函数值与该极值的均值。但是此种方式定义的均值曲线对于幅值变化缓慢的信号能够较准确地反映信号的均值,而对于幅值变化较大或相邻极大(或小)值差异较大的信号,二者的连线会与数据相交,因此连线失去了包络线的意义。基于此,本文采用分段三次多项式连接相邻极大(或极小)值,由此提出了改进的 LCD(ILCD)方法。

设信号 $s(t)$ 的极值点为 $(\tau_i,S_i)(i=1,2,\cdots,K)$,$(\tau_{k-1},S_{k-1})$、$(\tau_{k+1},S_{k+1})$ 为相邻的极大值点,(τ_k,S_k)、(τ_{k+2},S_{k+2}) 为相邻极小值点$(k=2,\cdots,K-2)$。为方便,函数 $u(t)$ 在区间 $[\tau_{k-1},\tau_{k+1}]$ 上的部分记为 $u_k(t)$,即 $u_k(t)=u(t)|_{t\in[\tau_{k-1},\tau_{k+1}]}$。若 $u_k(t)$ 满足:

（Ⅰ）$u_k(\tau_{k-1})=S_{k-1}$,$u_k(\tau_{k+1})=S_{k+1}$;

（Ⅱ）$u_k'(\tau_{k-1})=s'(\tau_{k-1})$,$u_k'(\tau_{k+1})=s'(\tau_{k+1})$;

（Ⅲ）$u_k(t)\geqslant s(t)$,$t\in[\tau_{k-1},\tau_{k+1}]$,

则称 $u_k(t)$ 为信号 $s(t)$ 的局部上包络线。通过改变 k 的值即可得到信号 $s(t)$ 的上包络线。同理可以定义局部下包络线和下包络线。将上、下包络线的均值作为均值曲线采用 EMD 过程进行迭代。这种方法已有学者进行了研究,与 EMD 相比优越性不是很明显,本文不采用此种方式定义均值曲线,而采用如下的方式。

设 $u_k(t)=a_k t^3+b_k t^2+c_k t+d_k$,$t\in[\tau_{k-1},\tau_{k+1}]$。由于条件(2)中 $s'(\tau_{k-1})$ 和 $s'(\tau_{k+1})$ 表示信号 $s(t)$ 在极值点 τ_{k-1} 和 τ_{k+1} 处的微分,因此,$s'(\tau_{k-1})=s'(\tau_{k+1})=0$。由条件(Ⅰ)和(Ⅱ),解关于 a_k,b_k,c_k,d_k 的四元一次方程组

$$\begin{cases} a_k\tau_{k-1}^3+b_k\tau_{k-1}^2+c_k\tau_{k-1}+d_k=S_{k-1} \\ a_k\tau_{k+1}^3+b_k\tau_{k+1}^2+c_k\tau_{k+1}+d_k=S_{k+1} \\ 3a_k\tau_{k-1}^2+2b_k\tau_{k-1}+c_k=0 \\ 3a_k\tau_{k+1}^2+2b_k\tau_{k+1}+c_k=0 \end{cases} \tag{3.1}$$

得到唯一 $u_k(t)$,于是定义 L_k:

$$L_k=\frac{S_k+u_k(\tau_k)}{2} \tag{3.2}$$

对于下包络线依据同样的方式定义 L_k。两种方式定义的 L_k 具有统一的形式:

$$L_k=l_{k-1}S_{k-1}+l_kS_k+l_{k+1}S_{k+1} \tag{3.3}$$

其中 $l_{k-1}=\dfrac{[-2\tau_k^3+3\tau_{k-1}\tau_{k+1}^2-6\tau_{k-1}\tau_k\tau_{k+1}+3\tau_k^2(\tau_{k-1}+\tau_{k+1})-\tau_{k+1}^3]}{2(\tau_{k-1}-\tau_{k+1})^3}$, $l_k=0.5$, l_{k+1}

$$=\frac{\left[2\tau_k^3-3\tau_{k-1}\tau_{k+1}^2+6\tau_{k-1}\tau_k\tau_{k+1}-3\tau_k^2(\tau_{k-1}+\tau_{k+1})+\tau_{k-1}^3\right]}{2(\tau_{k-1}-\tau_{k+1})^3}。$$

对得到的所有(τ_k,L_k)采用三次样条进行插值即得到新的均值曲线。L_k实际上是基于相邻三个极值点的加权平均,因此能够很好地反映信号的局部特征尺度信息。将LCD中L_k的定义按照式(3.3)定义,其余步骤不变,即为ILCD。实际上原LCD方法中的L_k也是相邻的三个极值点按照一定比例的加权,区别在于加权系数的不同。

3.2.2 EMD、LCD与ILCD对比分析

为了说明所提出的ILCD的优越性,不失一般地,考虑式(3.4)所示的混合信号$x(t)$:

$$x(t)=x_1(t)+x_2(t),t\in[0,1]\tag{3.4}$$

其中$x_1(t)=[1+0.6\sin(2\pi3t)]\cos(2\pi50t+2\pi5t^2)$,$x_2(t)=2\cos(2\pi25t)$。$x_1(t)$,$x_2(t)$与$x(t)$的时域波形如图3.1所示。

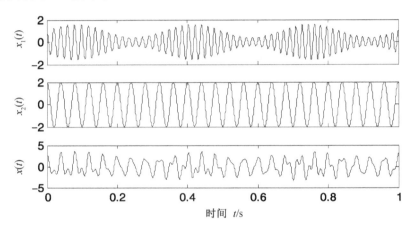

图3.1 式(3.4)所示混合信号和其各成分的时域波形

分别采用EMD、LCD和ILCD对$x(t)$进行分解,结果分别如图3.2～图3.4所示。其中,图3.2中c_1,c_2和r_2分别表示第一和第二个IMF分量以及剩余项,图3.3和图3.4中I_1,I_2和r_2分别表示第一和第二个ISC分量以及剩余项。为了方便比较,图3.5给出了三种分解方法的分解绝对误差,分解绝对误差定义为分解得到的分量与真实分量之差的绝对值,图中,E_1和E_2分别表示三种方法第一和第二个分量与真实分量$x_1(t)$和$x_2(t)$的绝对误差。

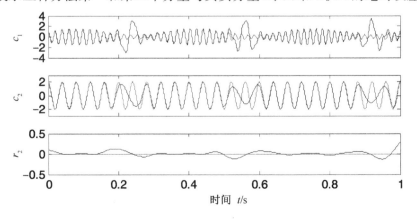

图3.2 式(3.4)所示混合信号的EMD分解结果

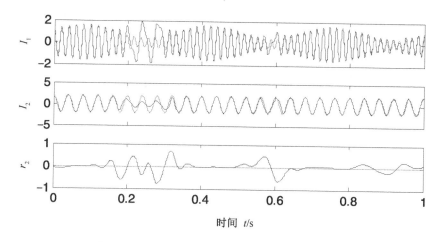

图 3.3 式(3.4)所示混合信号的 LCD 分解结果

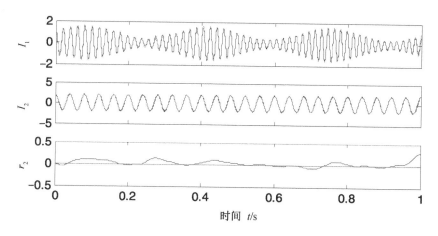

图 3.4 式(3.4)所示混合信号的 ILCD 分解结果

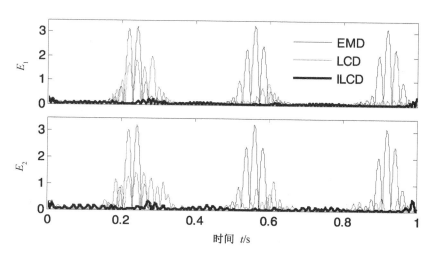

图 3.5 式(3.4)所示混合信号三种分解方法的分解结果绝对误差

由图 3.2～图 3.5 可以看出，EMD 的分解结果中 IMF 分量 c_1 与 c_2 局部波形严重失真，与真实分量误差较大;LCD 的分解结果中 ISC 分量 I_1 与 I_2 虽然波形局部失真情况不如 EMD 分解中 IMF 分量失真严重,但与真实分量误差幅值也比较大(从图 3.5 中可以明显看出);与前两者相比,ILCD 分解则比较理想,分解分量与真实分量非常接近,绝对误差幅值非常小。

为了进一步比较三种方法的分解效果,本文还考察了三种分解方法的分解正交性指标 (index of orthogonality,IO),前两个分量的正交性指标以及三种分解方法前两个分量与真实分量绝对误差的能量。正交性指标越小说明分解正交性越好;绝对误差的能量越小,说明误差越小。其中,分解正交性指标[23,107]

$$IO = \sum_{t=0}^{T} \left[\sum_{j=1}^{n} \sum_{k=1}^{n} \frac{I_j(t) I_k(t)}{x^2(t)} \right] \tag{3.5}$$

这里,为方便,记 $I_n(t) = u_n(t)$。

两个单分量信号 $f(t)$,$g(t)$ 的正交性定义为

$$IO_{f \cdot g} = \sum_{t=0}^{T} \left[\frac{f(t) \cdot g(t)}{f^2(t) + g^2(t)} \right] \tag{3.6}$$

分解误差的能量定义为

$$Er_f = \frac{\int_0^T |y(t) - s(t)|^2 dt}{\int_0^T s^2(t) dt} \tag{3.7}$$

其中,$y(t)$,$s(t)$ 分别为估计值和对应真实值。

上述三种分解方法的分解指标分别如表 3.1 所示,其中,IO 表示分解结果正交性,IO_{12} 表示分解的第一个和第二个分量的正交性,Er_i 表示第 i 个分量与其对应真实分量的绝对误差的能量,$i = 1, 2$。由表中可以看出,与 EMD 和 LCD 方法相比,ILCD 方法的正交性指标和误差能量指标都是最小的,这说明 ILCD 在正交性和精确性方面有一定的优越性。

表 3.1 EMD,LCD 和 ILCD 分解结果评价指标比较

分解方法	IO	IO_{12}	Er_1	Er_2
EMD	0.0857	0.0719	1.5352×10^3	1.5300×10^3
LCD	0.0601	0.0247	344.2668	289.4231
ILCD	0.0131	0.0120	8.5867	15.5897

3.2.3 ILCD 在转子碰摩故障诊断中的应用

上述仿真信号分析初步表明了 ILCD 相对于 EMD 和 LCD 的优越性,为了说明 ILCD 的实用性,将其应用于转子系统具有单点局部碰摩故障的诊断。试验从局部碰摩故障转子实验装置(示意图如图 3.6 中)采得其径向位移振动信号,转速为 3000 r/min,即工频 $f_r = X = 50$ Hz。采样频率为 2 048 Hz,采样时长为 0.5 s。典型信号时域波形如图 3.7 所示。

采用 ILCD 方法对具有碰摩故障的转子径向位移振动信号进行分解,结果如图 3.8 所示。由图中可以看出,振动信号分解得到的第一个 ISC 分量具有明显的调幅调频特征,包含了主要的高频的碰摩故障信息,对其进行包络谱分析,得到分量 I_1 的包络谱如图 3.9 所示。从图中可以看到,包络谱图在工频 50 Hz 处有明显的谱线,这说明调幅信号 I_1 中调制波的频率刚好为工频,这是由转子每旋转一周,动、静件就摩擦一次造成的。因此,I_1 包含了重要的碰摩信息。对分量 I_2 和 I_3 也进行频谱分析(图 3.12),发现 I_2 是 X 分量,I_3 是 $\frac{X}{2}$ 分量。根据文献

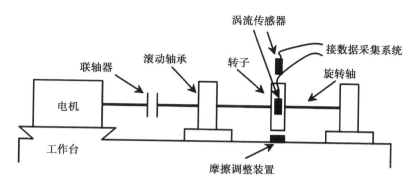

图 3.6　转子实验装置示意图

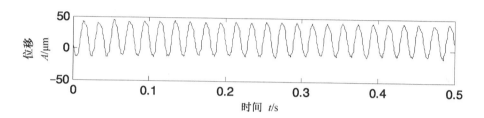

图 3.7　局部碰摩故障转子的径向位移振动信号

[8,110],当转子系统出现中度或重度碰摩时,会出现 $\dfrac{X}{2},\dfrac{X}{3}$ 等分频及其倍频。因此,低频分量 I_2 也验证了转子发生了碰摩故障。这说明本节提出的方法能够有效地诊断转子局部碰摩故障。

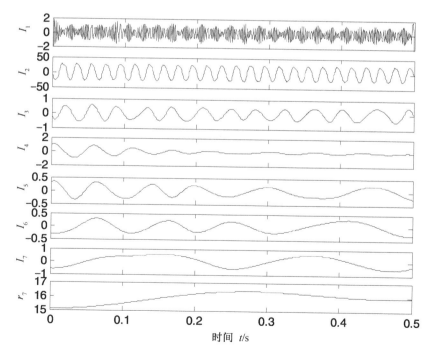

图 3.8　转子径向位移振动信号的 ILCD 分解结果

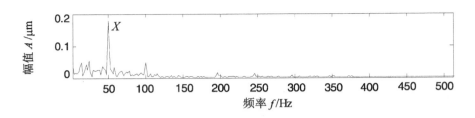

图 3.9　ILCD 的第一个分量 I_1 的包络谱

为了与 HHT 对比,采用 EMD 对具有碰摩故障的转子径向位移振动信号进行分解,结果如图 3.10 所示。由图 3.10 知,EMD 分量个数比 ILCD 少两个,第一个 IMF 分量 C_1 也具有调幅调频特征,对其进行包络谱分析(图 3.11)发现,工频 50 Hz 谱线被其高频二倍频 100 Hz和低频 25 Hz 干扰,这说明 EMD 得到的 C_1 分量包含的故障信息不如 ILCD 得到的 I_1 清晰明确,诊断效果也不如 ILCD 明显。对分量 C_2 和 C_3 进行频谱分析发现(图 3.12),C_2 是 X 分量,C_3 所表示的信息同样也不如 I_3 明显。综上所述,此例表明 ILCD 不仅能够有效地应用于转子碰摩故障诊断,而且效果要优于 EMD 方法。

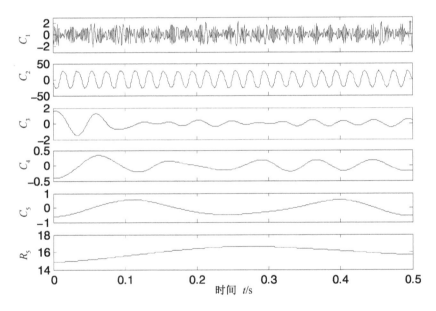

图 3.10　转子径向位移振动信号的 EMD 分解结果

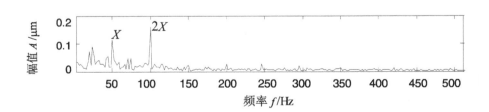

图 3.11　EMD 的第一个分量 C_1 的包络谱

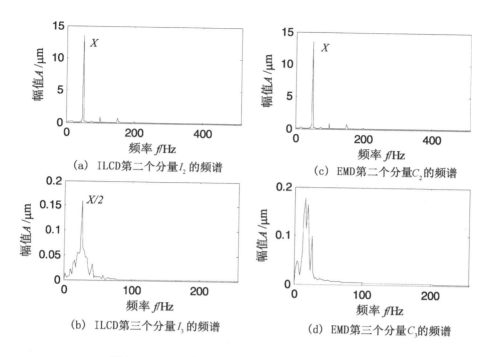

图 3.12　ILCD 与 EMD 第二个和第三个分量的频谱

与 EMD 和 LCD 相比,ILCD 方法得到的分量更精确,误差更小,分解正交性更好,不仅适合于转子局部碰摩故障的诊断,而且诊断效果优于 EMD 方法。

尽管如此,ILCD 本质仍可视为是对 LCD 和 EMD 均值曲线的改进。如上所述,基于筛分过程分解方法的核心问题是如何定义均值曲线。我们由此考虑,能否在一个筛分的过程中考虑定义多种均值曲线,通过定义一种分量最优的判据,从不同的筛分分量中选择最优分量,从而保证每一阶的分量都是最优的呢? 基于此,本章提出了广义经验模态分解方法。

3.3　广义经验模态分解(GEMD)

3.3.1　均值曲线的选择

EMD 和 LCD 这类基于"筛分"的分解方法的关键是如何定义信号合理的均值曲线,然而到目前为止,EMD 以及改进的 EMD 方法中,均值曲线的定义都是经验性的,还没有文献给出均值曲线的确切的数学定义。本章采用以下六种比较有代表性的均值曲线的定义方法。

(1)EMD 中基于信号的上、下包络线定义的包络均值(envelop mean,EM)。

(2)固有时间尺度均值(intrinsic time-scale mean,ITM),定义方法参见 Frei 等提出的固有时间尺度分解。

(3)局部特征尺度均值(local characteristic-scale mean,LCM),定义方法参见本书第 2 章第 3 节。

(4)极值域均值(extrema field mean,EFM),定义方法参见盖强等提出的极值域均值分解[108],步骤如下:

假设待分析信号为 $S(t)(t>0)$,其所有的极值点记为 $(t_k,S_k)(k=1,2,\cdots,P,P$ 是极值点数目),$S(t)$ 在区间 $[t_k,t_{k+1}]$ 上的均值曲线可定义为

25

$$m_i(t_{\xi i}) = \frac{1}{t_{i+1} - t_i + 1} \sum_{t_i}^{t_{i+1}} S(t) \tag{3.8}$$

t_{i+1} 时刻的均值定义为

$$m(t_{i+1}) = a_i \cdot m_i(t_{\xi i}) + a_{i+1} m_{i+1}(t_{\xi i+1}) \tag{3.9}$$

其中,$a_i = \dfrac{(t_{i+2} - t_{i+1})}{(t_{i+2} - t_i)}$,$a_{i+1} = \dfrac{(t_{i+1} - t_i)}{(t_{i+2} - t_i)}$。采用三次样条函数对所有的 $(t_{i+1}, m(t_{i+1}))$ 进行插值即得到信号的均值曲线。

(5)半波均值(half period mean,HPM)。

第(4)种方法中,由于 $S(t)$ 在区间 $[t_k, t_{k+1}]$ 上的均值曲线定义为 $m_i(t_{\xi i})$,这里 $t_{\xi i}$ 近似等于 $\dfrac{(t_i + t_{i+1})}{2}$,因此,采用三次样条函数对所有的 $(t_{\xi i}, m_i(t_{\xi i}))$ 进行插值即得到信号的另一种均值曲线。

(6)极值中值均值(extremum midpoint mean,EMM)。

假设待分析信号为 $Y_t(t \geq 0)$,其所有极值点为 $(\tau_k, Y_k)(k = 1, 2, \cdots, M)$,相邻两个极大(或极小)值的中点可表示为

$$(\tau_{k+1}, A_{k+1}) = \left(\frac{\tau_k + \tau_{k+2}}{2}, \frac{Y_k + Y_{k+2}}{2} \right) \tag{3.10}$$

定义

$$(\tau_{k+1}, B_{k+1}) = \frac{(\tau_{k+1}, A_{k+1}) + (\tau_{k+1}, Y_{k+1})}{2} = \left(\frac{\tau_k + 2\tau_{k+1} + \tau_{k+2}}{4}, \frac{Y_k + 2Y_{k+1} + Y_{k+2}}{4} \right)$$
$$\tag{3.11}$$

采用上述六种方法提取信号的均值曲线,事实上对应了六种信号的分解方法,而且每一种分解方法都有其不同的优势。如 EMD 的包络均值曲线(EM)能够有效地保证分解信号的对称性,对大部分信号而言,EMD 方法仍有良好的分解性能。其不足之处在于,对极值点变化较大、分布不均匀的信号,由于采用三次样条插值,会产生包络过冲和不足,生成新的极值点,从而导致分解误差。ITM 和 LCM 避开了包络线的定义方法,基于数据的特征尺度而定义,每一个极值点处的均值均采用相邻的三个极值点而定义,再分别采用基于数据本身的线性变换和三次样条插值定义均值曲线,因此能很好地反映信号的局部特征,提高分解频率分辨能力,但不足的是,二者对噪声较敏感,ITM 易引起波形的失真,LCM 易导致分量幅值一致化。EMM 是为了克服 LCM 对相邻极值幅值变化较大从而造成均值点偏移而提出。EFM 和 HPM 是基于相邻的两极值点间一段数据来定义均值点,更能反映数据的局部性特征,提高分解的频率分辨能力,但对调频较大的信号易出现均值不为零从而导致过度筛分。图 3.13 给出了一个信号的六种不同均值曲线。

给出三点注记。首先,由于理论限制,六种曲线的合理性和数学模型目前仍较难论证,但是不合理的均值曲线得到的分量将会被 GEMD 方法舍弃,不会影响分解的结果。其次,对于大部分瞬时频率和瞬时幅值为常函数或变化缓慢的调幅调频信号,上述六种均值曲线的差别不大,这是容易理解的,因为对常见的等单分量信号无论哪种方法求得的均值都应该趋于理论值零。再次,现有文献关于均值曲线的定义远不止六种,本文方法中只选取比较有代表性的六种。

3.3.2 GIMF 分量的定义

EMD 方法假设任何一个复杂信号可被分解为若干个瞬时频率具有物理意义的内禀模态

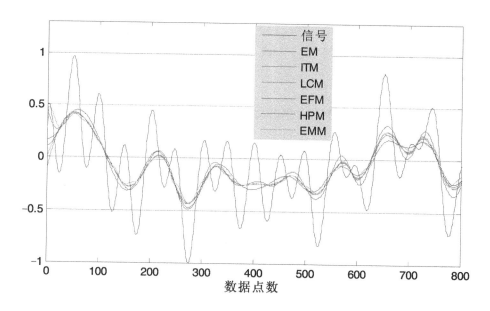

图 3.13　信号不同均值曲线示例

函数(IMF)和一个趋势项之和。其中 IMF 满足条件：

（Ⅰ）整个数据段,极值点个数与过零点个数相等,或至多相差不超过一个;

（Ⅱ）在数据内任一点,基于三次样条拟合极大值得到的上包络线与基于三次样条拟合极小值得到的下包络线的均值为零。

条件(Ⅱ)基于信号的上下包络的平均,(Ⅰ)和(Ⅱ)保证了得到的分量瞬时频率具有物理意义。但这只是一个单分量信号瞬时频率具有物理意义的充分条件,而非必要条件,如第 2 章节中定义的瞬时频率具有物理意义的 ISC 分量条件。

综合多种定义方法,本文定义一种新的单分量信号——广义内禀模态函数(generalized intrinsic mode function,GIMF),GIMF 满足条件：

（a）同 IMF 定义条件(Ⅰ);

（b）在数据的任一点,数据的均值曲线为零;

（c）满足条件(a)和(b)的分量称之为 pre-GIMFs,在得到的 pre-GIMFs 中选择瞬时带宽与中心频率比值最小的分量作为最终的 GIMF。

对于给定的信号 $z(t)=a(t)e^{j\varphi(t)}$,其在 t 时刻的瞬时带宽定义为 $B_t=\left|\dfrac{a'(t)}{a(t)}\right|$。当 B_t 非常小时,$z(t)$ 被认为是窄带信号。信号 $z(t)$ 的带宽可表示为两部分之和,即 $B^2=B_a^2+B_f^2$,其中 $B_a^2=\int\left(\dfrac{a'(t)}{a(t)}\right)^2 a^2(t)\mathrm{d}t$,$B_f^2=\int[\varphi'(t)-[\omega]]^2 a^2(t)\mathrm{d}t$,$[\omega]=\int\varphi'(t)a^2(t)\mathrm{d}t$。$B_a^2$ 反映了信号的瞬时幅值 $a(t)$ 的变化情况,只与幅值调制有关。B_f^2 称为频率带宽,反映了信号的瞬时频率 $\varphi'(t)$ 的变化情况,也反映了信号的瞬时频率在整个时间段内的聚集程度。B_f^2 越小,说明信号的不同时刻的尺度特征越接近,尺度混淆越弱[111-114]。因此,B_f^2 被用来作为 GIMF 的判别标准。

GIMF 的定义是基于假设得到的 pre-GIMFs,是近似窄带的,即如果 $z(t)=a(t)e^{j\varphi(t)}$ 是一个 pre-GIMF,那么 $a(t)$ 是带限信号,其最高频率远远小于 $\varphi'(t)$。计算得到的每一个 pre-

GIMF 的带宽 B_i 与中心频率 $[\omega_i]$ 的比值,即 $\gamma_i = \dfrac{B_{fi}^2}{[\omega_i]}$,其中,$i = 1,2,\cdots,P$。那么具有最小 γ_i 的 pre-GIMF 分量将被视为最终的 GIMF。详细的关于 B_f^2 与 $[\omega]$ 的估计参见文献[111,112]。

3.3.3 GEMD 方法

假设待分析信号为 $x(t)$,GEMD 分解步骤如下:

(1)令 $u_0(t) = x(t)$,$j = 1$;

(2)采用上述六种方法提取 $u_{j-1}(t)$ 的均值曲线,分别记为 $m_1(t),m_2(t),\cdots,m_6(t)$;

(3)将均值曲线 $m_i(t)$ 从 $u_{j-1}(t)$ 中分离,得到剩余信号 $r^i(t)$,即

$$r^i(t) = u_{j-1}(t) - m_i(t),\ i = 1,2,\cdots,6 \tag{3.12}$$

分别重复上述过程 $k_1,k_2,\cdots,k_6$ 次,直到均值曲线分别为零,记剩余信号 $r_{k_i}^i(t)$ 为 $I_j^i(t)$;

(4)从 $I_j^i(t)(i = 1,2,\cdots,6)$ 中选择最优分量作为最终 GIMF,记为 $I_j(t)$,并将 $I_j(t)$ 从原始信号中分离出:

$$u_j(t) = u_{j-1}(t) - I_j(t) \tag{3.13}$$

(5)$j = j+1$,重复上述步骤(2)~(4),直到剩余分量 $u_n(t)$ 为一常函数或单调函数,或与 $u_0(t)$ 比能量非常小的函数;

(6)至此,原信号 $x(t)$ 可重新写为

$$x(t) = \sum_{i=1}^{n-1} I_i(t) + u_n(t) \tag{3.14}$$

步骤(3)中均值曲线为零的判断依据采用 Rilling 提出的三阈值准则[105],三阈值判断依据中不要求均值曲线为零(这很难做到),而只要在大部分时间上为零,而在其余部分非常小。上述定义的六种均值曲线事实上对应了六种信号分解方法,每种方法都有其优势和不足,GEMD 综合利用多种分解方法的优势,使得到的每一阶的 GIMF 分量都是最优的。

GEMD 分解流程如图 3.14 所示。

3.3.4 仿真分析

GEMD 综合了 EMD,ITD 和 LCD 等六种单一均值曲线分解方法的优势,得到的 GIMF 分量相对于单一均值分解的方法来说是最优的。值得一提的是,GEMD 并不是将待分析信号采用六种方法分解、再从结果中选择最优作为 GIMF,而仍是采用类似于 EMD 的过程进行筛分。

由上述公式(3.14)知,GEMD 是完备的,即原始信号可以通过所有 GIMF 分量与剩余之和进行重构。下文将通过估计重构误差进行数值化验证,其中重构误差定义为原始数据与所有 GIMF 分量和的差。

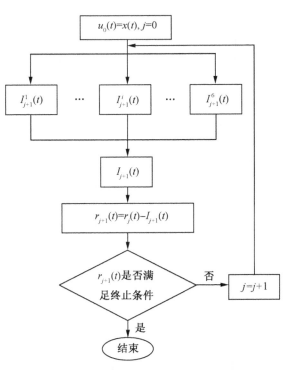

图 3.14 GEMD 算法流程图

GEMD 分解的正交性在应用过程中是很容易满足的,但理论上却很难保证。事实上,由分解的过程知,得到的分量是彼此局部正交的,因为分解是从高频到低频进行筛分,在任何的相同时刻或位置,不同 GIMF 的瞬时频率都不相同。GEMD 分解的正交性将通过后验的数值的方法进行验证。

为了说明 GEMD 方法的优越性,理论上要将 GEMD 与上述六种单一分解方法的每种方法都进行比较,但这将占用大量篇幅,由于在这六种分解方法中 EMD 是最经典、最常用、也被学者研究最多的,因此,本文仅将 GEMD 与 EMD 和本书提出的 LCD 方法进行对比。

不失一般地,考虑式(3.15)所示的仿真信号:

$$x(t) = x_1(t) + x_2(t), t \in [0,1] \tag{3.15}$$

其中 $x_1(t) = [1 + 0.2(\cos 2\pi 2t)]\sin(2\pi 40t + 2\pi 3t^2)$,$x_2(t) = \cos(2\pi 24t)$。信号 $x(t)$ 及其两个分量成分 $x_1(t)$ 和 $x_2(t)$ 的时域波形如图 3.15 所示。

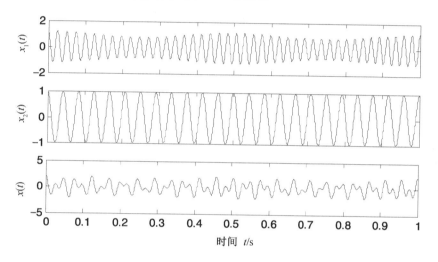

图 3.15　式(3.15)所示仿真信号的时域波形

分别采用 EMD,LCD 和 GEMD 对式(3.15)所示的信号 $x(t)$ 进行分解,结果分别如图 3.16～图 3.18 所示。为了便于对比,图 3.19 给出了三种分解方法的分解绝对误差。表 3.2 给出了三种分解方法的正交性,前两个分量的正交性,第一个和第二个分量与对应真实值的绝对误差的能量。首先,从图 3.16～图 3.18 可以看出,三种分解方法的分解结果波形无明显差别,其中 LCD 的剩余项幅值较大,EMD 和 GEMD 的剩余项几乎为常数零。其次,由图 3.19 可以看出,EMD 的两个 IMF 分量与对应真实值的绝对误差的幅值最大,绝对误差的能量指标也最大;LCD 的两个 ISC 分量与对应真实值的绝对误差的幅值次之,绝对误差的能量指标也次之;而 GEMD 得到的两个 GIMF 分量与对应真实值的绝对误差的幅值最小,绝对误差的能量指标也最小。第三,由表 3.2 中正交性指标可以看出,GEMD 分解正交性指标和两个分量的正交性指标也都是最小的,这说明与 EMD 和 LCD 相比,GEMD 分解的正交性也是最好的。此外,为了衡量分解的完备性,定义绝对重构误差为原始信号与分解得到的所有分量之和差的绝对值,即 $\mathrm{ARE} = |\sum_{i=1}^{n} I_i(t) - x(t)|$,其中 $x(t)$ 是被分解信号,$I_i(t)(i=1,2,\cdots,n)$ 表示分解得到的分量。ARE 越小说明分解的完备性越好,ARE 为零则说明分解是完备的。计算上述三种分解方法的 ARE,结果发现绝对重构误差数量级都在 10^{-16}～10^{-15},这说明三种分解

都是完备的。此例表明,和 EMD 与 LCD 相比,GEMD 在分解正交性和精确性等方面都有一定的优越性。

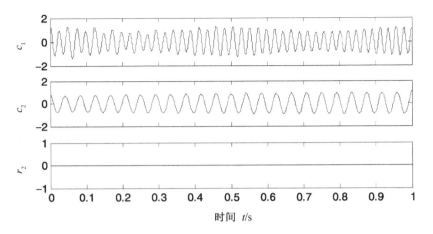

图 3.16　式(3.15)所示仿真信号 EMD 分解结果

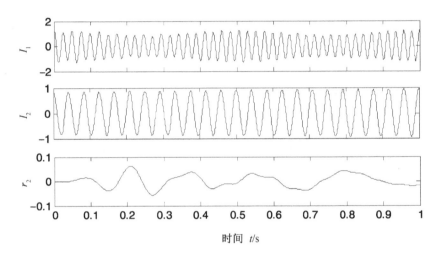

图 3.17　式(3.15)所示仿真信号 LCD 分解结果

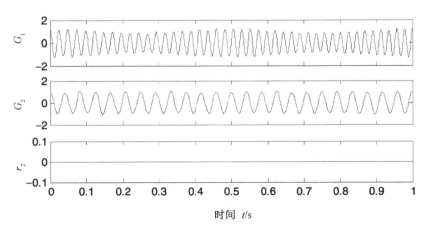

图 3.18　式(3.15)所示仿真信号 GEMD 分解结果

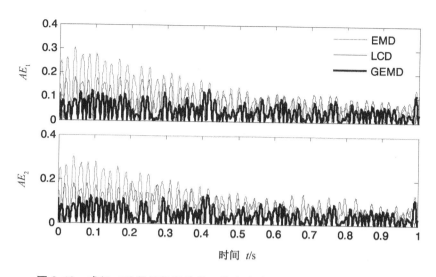

图 3.19 式(3.15)所示仿真信号三种方法前两个分量的分解绝对误差

表 3.2 EMD, LCD 和 GEMD 分解结果的评价指标

分解方法	IO	IO_{12}	Er_1	Er_2
EMD	0.058 8	0.058 8	0.025 2	0.025 7
LCD	0.027 0	0.027 7	0.013 6	0.015 1
GEMD	$9.323\ 8\times10^{-5}$	$1.058\ 7\times10^{-4}$	0.005 4	0.005 5

3.3.5 GIMF 判断依据及 GEMD 分解能力研究

GEMD 最初的判断依据是采用频率带宽最小来选择 GIMF 分量。频率带宽反映瞬时频率的调制和波动,频率带宽越小,表明瞬时频率受调制越小,波动越小。当瞬时频率为常函数时,带宽准则能够很好反映瞬时频率的聚集性,若非常函数时,带宽准则失去了预期的结果。此时,采取如下改进方案选择 GIMF:

(1)采用标准希尔伯特变换估计六个 pre-GIMF 分量的瞬时频率 $\varphi'_i(t)$,其中 $i=1,2,\cdots,6$;

(2)提取 $\varphi'_i(t)$ 的线性趋势项 $p_i(t)$,即 $\varphi'_i(t)=p_i(t)+r_i(t)$,$i=1,2,\cdots,6$;

(3)计算并返回 $i=\text{argmin}\{E(r_i(t)),i=1,2,\cdots,6\}$,$E(\cdot)$ 表示信号的能量;

(4)第 i 个 pre-GIMF 作为最终的 GIMF。

若瞬时频率的趋势项为线性或多项式函数,此时频率带宽准则中 $[\omega]=\int\varphi'(t)a^2(t)\mathrm{d}t$ 为中心频率,$B_f^2=\int[\varphi'(t)-[\omega]]^2a^2(t)\mathrm{d}t$ 则反映了频率在中心频率附近的波动情况,由于瞬时频率非恒常的,此时 B_f^2 物理意义不明显。而改进后的方法,瞬时频率去趋势后剩余部分的能量反映了瞬时频率的波动情况,能量越小,说明瞬时频率的波动越小。原 GIMF 判断依据中通过带宽准则选择 GIMF,而改进后的判断依据弥补了带宽准则的不足,从不同的 IMF 分量中选择瞬时频率更精确、带宽更小的分量作为最优,相邻的 GIMF 分量带宽无重叠或者重叠更小,因此分解正交性更好。此外,由于 GEMD 是从每层不同的 IMF 分量中选择最优,若EMD 能将待分解信号分解出,则 GEMD 也一定能分解出;若 EMD 不能分解出,而其他方法

定义的均值曲线,如 LCM 或 LIM 可以分解出,则 GEMD 也能分解出;只有所有的均值定义方法不能分解出时,GEMD 才不能分解出,因此,理论上 GEMD 的分解能力要比 EMD 强。

文献[115]以简化的两个正弦信号的叠加模型为例,对 EMD 方法的分解能力进行了详细的研究。为了对比分析,本文仍考虑两个余弦信号叠加模型:

$$x(t) = \cos 2\pi t + a\cos(2\pi ft + \varphi) \tag{3.16}$$

其中,φ 表示两信号的初相位差,a 表示两信号幅值比,$f(0<f<1)$ 表示低频谐波与高频谐波的频率比。由于初相位对分解能力几乎没有影响[116],为简便,令 $\varphi=0$。

定义评价指标

$$\delta(a,f) = \min\left[\frac{\|g_1^{(n)}(t;a,f) - \cos(2\pi t)\|_{L^2}}{\|a\cos(2\pi ft + \varphi)\|_{L^2}}, \quad 1\right] \tag{3.17}$$

其中,$g_1^{(n)}(t;a,f)$ 表示 GEMD 分解得到的第一个分量,n 表示设定的迭代次数,设置 $n=6$。$\delta(a,f)=0(\delta(a,f)\leqslant 0.05)$ 说明 GEMD 可以将高频分量 $\cos 2\pi t$ 完全分解出来;$\delta(a,f)=1$ 说明 GEMD 将 $x(t)$ 视为一个 GIMF 分量;$\delta(a,f)$ 取其他值则认为 GEMD 不能将两个谐波分开。此外,分解效果还与采样频率 f_s 有关,一般要求 f_s 远远大于信号的最高频率 $f_{\max}$,设定 $f_s=512$ Hz,$f_{\max}=50$ Hz。

EMD 和 GEMD 的分解能力分别如图 3.20 和图 3.21 所示。需要说明的是,图 3.18 中 EMD 可分解的分界频率(设为 f_c)与文献[115]有所差异,这主要是因为采样频率 f_s 以及 f_s 与最大频率 $f_{\max}$ 的关系对分解效果的影响[117,118]。由图 3.20 和图 3.21 可以发现,在相同的采样频率和最大频率、相同的最大迭代次数(8 次)等条件下,GEMD 的分解能力范围要明显大于 EMD 的分解能力范围。在幅值比 $a\geqslant 1$ 时,曲线 $af^2=1$ 可视为不可分解部分的下边界,$af=1$ 可视为可分解部分的上边界。但在二者曲线之间的部分,GEMD 的可分解部分仍大于 EMD 的可分解部分。此外,在幅值比 $0.1\leqslant a\leqslant 1$ 时,GEMD 能分解出频率更接近的信号。更详细地,

(1)当 $0.1\leqslant a<0.2$ 时,GEMD 可分解边界频率 $f_c\approx 0.6$,而 EMD 可分解边界频率 $f_c\approx 0.4$;

(2)当 $0.2\leqslant a<0.6$ 时,GEMD 可分解边界频率 $f_c\approx 0.7$,而 EMD 可分解边界频率 $f_c\approx 0.5$;

(3)当 $0.6\leqslant a\leqslant 1$ 时,GEMD 分解边界频率 $f_c\approx 0.77$,而 EMD 可分解边界频率 $f_c\approx 0.55$。

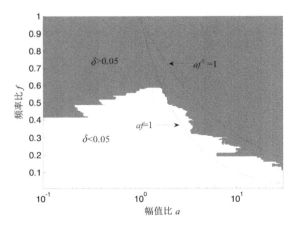

图 3.20 两个谐波叠加模型的
EMD 的分解能力图

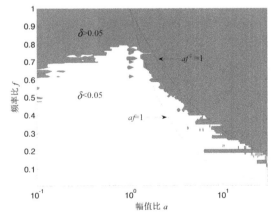

图 3.21 两个谐波叠加模型的
GEMD 的分解能力图

第 4 章　LCD 模态混叠解决方法

4.1　引　言

　　与 EMD 相比,LCD 基于数据本身的特征尺度参数,只采用一次拟合定义均值曲线,减小了分解误差,提高了运算速度,在一定程度上也抑制了端点效应和模态混叠的产生。但是,LCD 的模态混叠问题虽然没有 EMD 严重,却也存在,这制约了 LCD 理论的发展和其在机械故障诊断中的进一步应用。

　　EMD 分解的模态混叠问题最早由 Huang 等指出,模态混叠主要是指同一个 IMF 分量中出现了尺度或频率差异较大的信号,或者同一尺度或频率的信号被分解到多个不同的 IMF 分量当中[63]。Huang N E 详细研究了引起 EMD 模态混叠的因素,主要包括间歇信号和噪声等,并提出了基于间歇性检测(intermittency test)、预设尺度上限的方法来抑制模态混叠[91]。Deering 等提出通过添加掩膜信号改变原始信号的极值点分布从而达到抑制模式混淆的目的[119],该方法利用 EMD 分解过程中信号间的相互作用对信号进行了分离以克服模式混淆的影响,但缺陷是掩膜信号的选择不具有自适应性和稳定性。Wu 和 Huang 通过研究白噪声信号的统计特征,提出了总体平均经验模态分解(ensemble empirical mode decomposition,EEMD)[63],EEMD 通过对原始信号多次加入不同的白噪声进行 EMD 分解,将多次分解的结果进行平均即得到最终的 IMF。EEMD 方法的不足之处在于参数的设置没有理论依据和自适应性,且参数的选择对分解结果影响较大,二者得到的分量未必满足 IMF 定义,需要进行后续处理等。Yeh 通过成对地加入白噪声到待分解信号,提出了一种补充的总体平均经验模态分解(complementary EEMD,CEEMD),CEEMD 提高了 EEMD 的完备性,但除此外,分解效果却与 EEMD 相近,而且耗时较长[120];Torres 提出了一种完备的自适应添加噪声的总体平均经验模态分解方法(complete ensemble empirical mode decomposition with adaptive noise,CEEMDAN)[121],实现了每一阶噪声的自适应添加,且保证了分解的完备性,分解效果也有一定程度的提高,但由于仍是通过集成平均的方式得到 IMF,未必满足定义条件,且由于每一阶都添加噪声导致分解分量过多;Tang 等先通过形态学去噪,再采用盲源分离对 IMF 分量进行重组与分解来达到抑制模态混叠的目的,该方法可以视为是一种 EMD 分解后续处理的方法,需要通过观察分解结果来确定发生模态混叠的分量,不具有自适应性[122]。

　　本章首先回顾了比较有代表性的抑制 EMD 模态混叠的方法,EEMD 以及在此基础上发展起来的 CEEMD 和 CEEMDAN 等方法。针对这些方法存在的不足,提出了几种抑制 EMD 和 LCD 模态混叠的方法,详细研究了新提出方法的优越点,并将它们应用于机械设备的故障诊断。

4.2　模态混叠与基于噪声辅助的数据分析方法

　　模态混叠主要是指,同一个 IMF 分量中出现了尺度或频率差异较大的信号,或者同一尺度或频率的信号被分解到两个或多个不同的 IMF 分量中。研究表明,引起模态混叠的因素不仅包括间歇信号,还包括脉冲干扰和噪声等[63],这些引起模态混叠的因素统称为异常事件,对异常事件的正确处理可以有效消除模态混叠现象[64,123]。

目前,对 EMD 的模态混叠现象抑制最有效、应用范围最广的方法是 Wu 和 Huang 提出的总体平均经验模态分解(EEMD),EEMD 利用高斯白噪声具有均匀尺度的特性,当信号加入高斯白噪声后,信号的极值点特性得到改善,具有均匀化的尺度分布,从而达到避免模态混叠的目的[63,124]。

EEMD 算法步骤简述如下(详细过程参见文献[63]):

(1)添加不同的白噪声信号到原始待分解信号;

(2)对加噪目标信号进行 EMD 分解;

(3)循环步骤(1)～(2);

(4)将上述分解结果进行总体平均运算,消除多次加入的高斯白噪声对真实 IMF 的影响,即得到分解结果。

EEMD 通过向待分解信号添加白噪声,加噪信号的极值点分布比较均匀,因此,EEMD 对 EMD 的模态混叠问题有很好的抑制效果。针对其分解完备性较差的问题,文献[120]提出了补充的总体平均经验模态分解(CEEMD),CEEMD 步骤如下:

(1)添加符号相反的一对白噪声到待分解信号;

(2)对加入符号不同的加噪目标信号分别进行 EMD 分解;

(3)循环步骤(1)～(2);

(4)将上述不同的分解结果进行总体平均运算,消除加入的高斯白噪声对真实 IMF 的影响,总体平均得到的 IMF 记为最终的分解结果。

与 EEMD 不同的是,CEEMD 在对原始信号添加一个正的白噪声的同时,也添加了一个负的白噪声,然后对得到的目标信号进行 EMD 分解,这样做最大的优点就是减少了添加白噪声的干扰,使分解更具有完备性,即抑制了噪声在分量中的残留,使得原始信号与所有 IMF 之和的差非常小。然而,无论是 EEMD 还是 CEEMD 计算量都比较大,而且分解依赖添加白噪声幅值和集成次数。如果参数选择不合适,不仅不能抑制模态混叠,而且会出现伪分量且无法保证分解得到的分量满足 IMF 分量的定义条件。

针对 EEMD 添加白噪声残留较大导致的分解不完备,2011 年,Torres 通过对每一阶分量的分解加入不同的白噪声提出了一种自适应加噪完备总体平均经验模态分解(CEEMDAN)方法[121],主要步骤如下:

(1)添加幅值为 a_0 的高斯白噪声到目标信号,对所有加噪目标信号采用 EMD 进行一阶分解,即分解只得到一个 IMF 分量和一个剩余信号;

(2)对得到的所有第一阶分量进行总体平均,并视为原始信号最终的第一阶的 IMF 分量 $I_1(t)$,将 $I_1(t)$ 从原始信号中分离出来,得到第一阶剩余信号 $r_1(t)$;

(3)对服从正态分布的白噪声进行 EMD 分解,得到分量记为 $w_i(t)(i=1,2,\cdots,k)$,将 $a_1w_1(t)$ 加到 $r_1(t)$,并用 EEMD 进行一阶的总体平均分解,得到第二阶 IMF 分量 $I_2(t)$ 和第二阶剩余信号;

(4)类似地,第 $k+1$ 阶分量定义为第 k 阶剩余信号与服从正态分布的白噪声的第 k 阶分量的 EEMD 分解的总体平均结果,$k=2,3,\cdots,M$,M 是分量个数;

(5)重复步骤(4),直到剩余信号满足迭代终止条件,即剩余信号极值点个数不超过两个。

上述过程中,添加白噪声的幅值和总体平均次数的准则与 EEMD 方法相同。CEEMD 与原 EEMD 方法相比,减小了添加噪声残留,提高了分解完备性,但分解结果基本相同,而 CEEMDAN 不但提高了分解的完备性,而且分解效果也有了提高。

4.3 完备总体平均局部特征尺度分解方法

自然地,为解决 LCD 分解过程中的模态混叠问题,最初的考虑是将 CEEMD 和 CEEMDAN 方法的思路平行地应用于 LCD 模态混叠的抑制。然而研究发现,LCD 方法对噪声和间歇等信号较为敏感,频率分辨能力更高,这使得添加幅值相近的随机白噪声,LCD 分解结果却有较大差异,因此,再进行总体平均处理会出现较多伪分量,这说明并不能机械地照搬 CEEMD 和 CEEMDAN 的思路,而且事实上,这两种分解的思路以及 EEMD,都无法保证得到的分量满足 IMF 定义。

研究发现,引起模态混叠的主要原因是噪声和间歇信号,在分解出添加的白噪声和原始信号中引起模态混叠的间歇信号后,信号极值点分布较为均匀,无需再通过总体平均的方式得到剩余 IMF 分量。基于此,本章提出了一种基于噪声辅助分析的完备总体平均局部特征尺度分解(complete ensemble local characteristic-scale decomposition,CELCD)方法。CELCD 得到的高频分量(排列熵大于阈值)的方式与 CEEMDAN 是相同的,但不同点在于,CELCD 在检测出引起模态混叠的异常事件之后直接进行完整 LCD 分解。CELCD 保证了尽可能多的分量,尤其是低频分量满足内禀尺度分量(ISC)的定义,提高了分量正交性和精确性,同时也保证了分解完备性。本章通过分析仿真信号将 CELCD 与 CEEMDAN 进行了对比,结果表明,CELCD 方法在抑制模态混叠、提高分量正交性和精确性等方面都具有一定的优越性。最后,将 CELCD 应用于转子碰摩的故障诊断,结果表明了 CELCD 方法的有效性。

4.3.1 CELCD 方法

完备总体平均局部特征尺度分解(CELCD)的分解步骤如下:

(1)设待分解信号为 $x(t)$,记:$r_0(t)=x(t)$。添加不同幅值的白噪声到 $r_0(t)$,即

$$r_0^i(t)=r_0(t)+a_0 n_i(t) \tag{4.1}$$

其中,$n_i(t)$ 是添加白噪声,$i(i=1,2,\cdots,Ne)$ 是添加白噪声数目(也是总体平均次数)。

(2)将所有加噪信号进行 LCD 分解,得到每个加噪信号的第一阶模式分量 $\mathrm{ISC}_1^i(t)$ 及第一阶剩余信号 $r_1^i(t)$,$i=1,2,\cdots,Ne$。

定义算子 $D_j(\cdot)$ 为由 LCD 分解信号得到的第 j 个 ISC 分量。计算原始信号最终的第一阶模式分量 $\mathrm{ISC}_1(t)$ 和第一阶剩余信号 $r_1(t)$:

$$\mathrm{ISC}_1(t)=\frac{1}{Ne}\sum_{j=1}^{Ne}D_1\left[r_0^i(t)\right]=\frac{1}{Ne}\sum_{j=1}^{Ne}D_1\left[r_0(t)+a_0 n_i(t)\right]$$

$$\triangleq \frac{1}{Ne}\sum_{j=1}^{Ne}ISC_i^1(t) \tag{4.2}$$

$$r_1(t)=x(t)-\mathrm{ISC}_1(t) \tag{4.3}$$

(3)再对剩余信号 $r_1(t)$ 进行加噪处理:

$$r^i(t)=r_1(t)+a_1 D_1\left[n_i(t)\right] \tag{4.4}$$

将加噪信号进行 LCD 分解,得到原始信号的第二阶模式分量 $\mathrm{ISC}_2(t)$,即

$$\mathrm{ISC}_2(t) = \frac{1}{Ne} \sum_{j=1}^{Ne} D_1 \left[r_1(t) + a_1 D_1(n_i(t)) \right]$$

$$\triangleq \frac{1}{Ne} \sum_{j=1}^{Ne} \mathrm{ISC}_i^2(t) \tag{4.5}$$

(4)对 $k = 2, 3, \cdots, n$(n 是分解得到 ISC 的个数),计算第 k 阶剩余信号:

$$r_k(t) = r_{k-1}(t) - \mathrm{ISC}_k(t) \tag{4.6}$$

定义第 $k+1$ 阶 ISC 分量如下:

$$\mathrm{ISC}_{k+1}(t) = \frac{1}{Ne} \sum_{j=1}^{Ne} D_1 \left[r_k(t) + a_k D_k(n_i(t)) \right] = \frac{1}{Ne} \sum_{j=1}^{Ne} \mathrm{ISC}_i^{k+1}(t) \tag{4.7}$$

这里:$D_1 \left[r_k(t) + a_k D_k(n_i(t)) \right] \triangleq \mathrm{ISC}_i^{k+1}(t)$。

(5)计算第 k 个分量的排列熵,如果当 $k = p$ 时,排列熵值小于阈值 θ,那么认为前 $p-1$ 个分量是异常信号,定义

$$R(t) = x(t) - \sum_{k=1}^{p-1} \mathrm{ISC}_k(t) \tag{4.8}$$

否则,执行步骤(4)。

(6)对剩余信号 $R(t)$ 进行完整 LCD 分解,得到

$$R(t) = \sum_{i=1}^{q} C_i(t) \tag{4.9}$$

通过对所有分量重构,原始信号可表示为

$$x(t) = R(t) + \sum_{k=1}^{p-1} \mathrm{ISC}_k(t) = \sum_{i=1}^{q} C_i(t) + \sum_{k=1}^{p-1} \mathrm{ISC}_k(t) \tag{4.10}$$

CELCD 中每次加入的噪声幅值可以不同,a_i 的变化使得我们在每一阶分解时可以选择不同的信噪比,为方便,不失一般地,a_i 的选择设置相同($i = 1, 2, \cdots, Ne$),一般取值小于 0.5 倍原始数据的标准差。如果一个信号主要成分是高频信号,那么加入较小幅值的白噪声;如果一个信号主要成分是低频信号,那么加入较大幅值的白噪声,加入白噪声的数目 Ne 一般选择 50 到 500 之间即可[63,120]。

CELCD 与 CEEMDAN 的不同之处在于:首先,信号的分解方法采用 LCD,而不再是 EMD;其次,CEEMDAN 是通过对分解的第一阶分量总体平均,得到唯一剩余信号,作为下一次分解的原始信号,重复循环,直到剩余信号极值点不超过两个,而 CELCD 则只对前几个分量采用类似的处理方法,而对相对低频的分量则采用 LCD 直接分解。

步骤(5)中关于排列熵的定义和算法参见文献[125-127],也可参见本书的第 6 章第 5 节部分。排列熵的目的是用来检测最先分解出来的间歇信号和添加的白噪声等异常信号。排列熵参数的选取为:嵌入维数为 $m = 6$,时间延迟 λ 为 3,阈值选择范围为 $0.55 \sim 0.6$。熵值过大,则会导致噪声检测不完全,剩余噪声会干扰分解;熵值过小,最极端的情况,阈值为零,则退化为与 CEEMD 方法相同。因此,熵值不宜过大,本文设置为 0.55。上述过程中前 $p-1$ 个分量不同于 EEMD 方法中的先分解求和后平均,在 EEMD 方法中先是对每个加噪信号进行 EMD 分解,再对得到的结果进行总体平均,提取出上一层信号的剩余信号有 Ne 个,各个信号之间无直接联系。而本章的方法中,提取出上一层信号后,剩余信号只有唯一的一个。不仅如此,EEMD 方法中得到的分量未必是 IMF 分量,需要进行后续处理,而本章方法中,至多只有前 $p-1$ 个分量不一定是 ISC 分量,而其余分量则满足 ISC 的判断依据条件。

4.3.2　CEEMDAN 与 CELCD 比较分析

为了说明本章提出的方法能够有效地抑制模态混叠,只需比较 LCD 分解和 CELCD 分解即可。为了说明本章提出的方法优于传统的基于噪声辅助分析的抑制模态混叠的方法,还需将 CELCD 与 EEMD,CEEMD 和 CEEMDAN 进行对比。但是,文献[120]对前二者进行了详细比较,结果发现 CEEMD 与 EEMD 的分解效果基本相同,优势只体现在分解分量的完备性,而文献[121]详细阐述了 CEEMDAN 相比于 EEMD 的优势,CEEMDAN 效果也要优于CEEMD,因此,本章只将 CELCD 与 LCD 和 CEEMDAN 进行对比。

首先,不失一般地,考虑如式(4.11)所示的混合信号:

$$x(t) = x_1(t) + x_2(t) + x_3(t) \tag{4.11}$$

其中 $x_1(t) = \cos(80\pi t)$,$x_2(t) = 2\cos(30\pi t)$;$t = 0 : \dfrac{1}{2000} : 1$;$x_3(t)$ 为均值为零且服从正态分布的随机噪声,混合信号及其分量时域波形如图 4.1 所示。

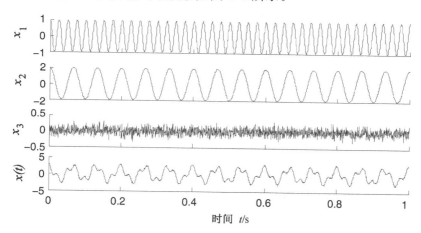

图 4.1　混合信号式(4.11)及各分量的时域波形

分别采用 LCD,CEEMDAN 和 CELCD 方法对混合信号进行分解,其中 ISC 和 IMF 分量的判断依据为三阈值准则,端点处理方法为镜像延拓,三种方法分解结果分别如图 4.2,图 4.3 和图 4.4 所示。图 4.2 中,LCD 分解得到 13 个 ISC 分量和剩余项,只画出了前 6 个 ISC 分量和对应剩余项。图 4.3 中,CEEMDAN 分解得到 11 个 IMF 分量和对应剩余项,只画出了前 8 个 IMF 分量和对应剩余项,前几个分量为不同频段噪声信号,前三个分量求和画出。CEEM-DAN 和 CELCD 中总体平均次数 Ne 和添加白噪声幅值 a 的选择如表 4.1 所示。为了量化地比较两种方法分解结果,考虑评价参数:分解的正交性指标 IO,分量与实际分量的相关性 r 和能量误差 E。其中,r_i 表示实际分量 $x_i(t)$ 与不同方法分解得到分量的相关性系数,能量误差 E_i 定义为分解得到分量与实际分量 $x_i(t)$ 误差的能量与实际分量能量的比值,即 $E_i = \dfrac{E[x_i(t) - I_j]}{E[x_i(t)]}$,$E(\cdot)$ 为求能量算子,I_j 为与 $x_i(t)$ 对应的分解分量,误差能量越小说明分解分量越接近实际值[128]。

表 4.1　CEEMDAN 和 CELCD 的参数对比

	Ne	a	r_1	r_2	IO	E_1	E_2
CEEMDAN	100	0.1	0.992 6	0.979 2	0.201 8	0.174 2	0.108 6
CELCD	100	0.1	0.996 5	0.999 5	0.021 1	0.008 6	0.002 1

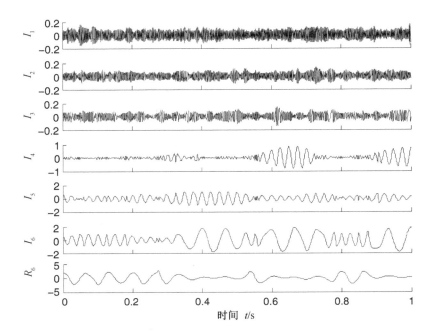

图 4.2　混合信号的 LCD 分解结果

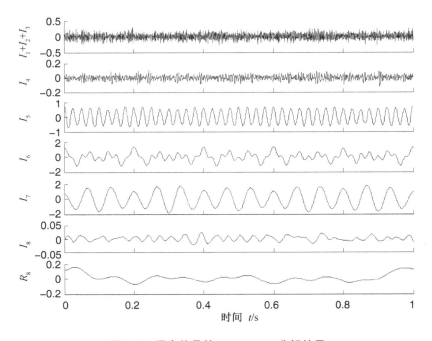

图 4.3　混合信号的 CEEMDAN 分解结果

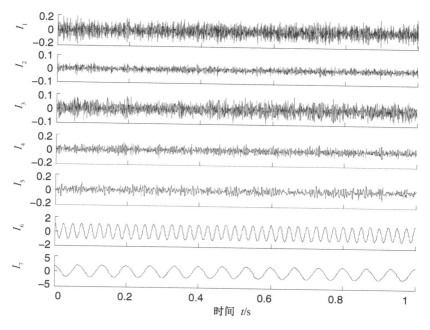

图 4.4 混合信号的 CELCD 分解结果

两种方法得到的分量与实际分量的上述比较参数指标如表 4.1 所示。由表 4.1,图 4.2,图 4.3 和图 4.4 可以得到如下结论。首先,由于噪声的干扰,LCD 分解出现了严重的模态混叠,得到的分量与实际误差很大,无可读性。而 CEEMDAN 和 CELCD 两种方法有效地抑制了分解的模态混叠,提取出了与实际值较为接近的分量。CEEMDAN 分解的前四个是噪声信号,I_5 和 I_7 分别对应为实际分量的 $x_1(t)$ 和 $x_2(t)$,而 I_6 则为得到的伪分量,由于总体平均时各个加噪信号得到的分量不同所致。CELCD 得到的前五个分量为噪声信号,而 I_6 和 I_7 则对应为实际分量的 $x_1(t)$ 和 $x_2(t)$,分解较为理想。其次,为了便于比较,两种方法选择的总体平均次数和加入的白噪声是相同的,由表 4.1 可以看出,CELCD 得到的分量 I_6,I_7 与实际分量 $x_1(t),x_2(t)$ 的相关性比 CEEMDAN 得到的分量 I_5,I_7 与 $x_1(t),x_2(t)$ 的相关性更高,而且,CELCD 得到的分量 I_6,I_7 与实际分量 $x_1(t),x_2(t)$ 的能量误差比 CEEMDAN 得到的分量 I_5,I_7 与实际分量 $x_1(t),x_2(t)$ 的能量误差更小,因此,CELCD 得到的分量更吻合实际值。最后,由表 4.1 中也可以看出,CELCD 正交性指标较小,仅为 CEEMDAN 的正交性指标的 10%,这说明 CELCD 分解更具有正交性。另外,计算发现,两种分解结果的重构误差数量级皆为 $10^{-16} \sim 10^{-15}$,这说明两种分解方法都是完备的。

上述仿真信号的分析结果表明,CELCD 对噪声干扰引起的模态混叠有很好的抑制作用,再考虑由间歇信号导致分解出现模态混叠的例子。

不失一般地,考虑高频间歇与正弦信号叠加的混合信号:

$$mix(t) = x(t) + n(t)$$

其中 $x(t) = \cos(30\pi t), t = 0 : \dfrac{1}{2000} : 1; n(t)$ 为两段高频间歇信号。混合信号由高频间歇信号和瞬时频率为 15 Hz 的余弦信号组成,它们时域波形如图 4.5 所示。

分别采用 LCD,CEEMDAN 和 CELCD 对混合信号进行分解,结果如图 4.6,图 4.7 和图 4.8 所示。其中,图 4.6 中,LCD 分解得到 14 个 ISC 分量和一个剩余项,这里只画出了前 6 个

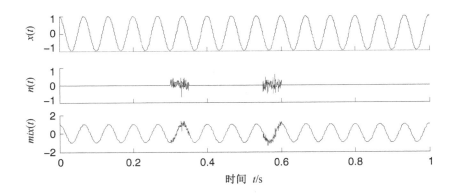

图 4.5 混合信号 $mix(t)$ 及其分量的时域波形

ISC 分量和其剩余项;图 4.7 中,CEEMDAN 分解得到 12 个 IMF 分量和一个剩余项,这里只画出了前 8 个分量和其剩余项;图 4.8 中,CELCD 分解得到 8 个 ISC 分量,前 5 个分量为不同频段噪声,这里求和画出,R 为重构误差。CEEMDAN 和 CELCD 的总体平均次数 Ne 和加入白噪声的幅值 a 如表 4.2 所示。

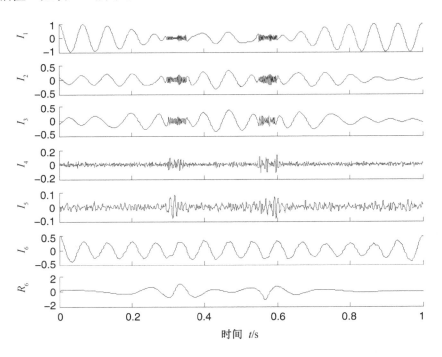

图 4.6 混合信号 $mix(t)$ 的 LCD 分解结果

表 4.2 CEEMDAN 和 CELCD 的参数对比

	Ne	a	r	IO	E
CEEMDAN	100	0.2	0.996 2	0.205 0	0.090 2
CELCD	100	0.2	0.999 6	0.020 2	0.001 2

分析图 4.6,图 4.7,图 4.8 和表 4.2 可得到如下结论。首先,由图 4.6 可以看出,由于间

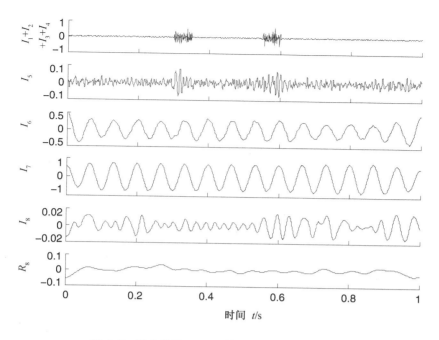

图 4.7　混合信号 $mix(t)$ 的 CEEMDAN 分解结果

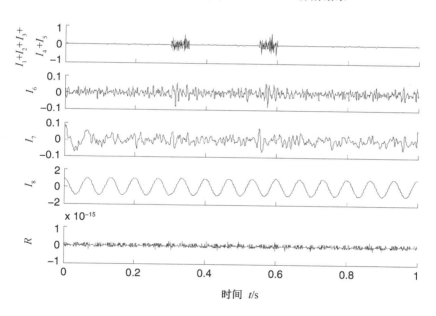

图 4.8　混合信号 $mix(t)$ 的 CELCD 分解结果

歇信号的干扰,LCD 分解出现了严重的模态混叠;由图 4.7 和图 4.8 可以看出,CEEMDAN 有效地抑制了分解的模态混叠问题,提取出了与实际值较为接近的分量,但同时也出现了伪分量,实际分量 $x(t)$ 被分解为两个分量之和($I_6 + I_7$)。而 CELCD 在分解出噪声信号之后得到的分量 I_8 对应实际分量 $x(t)$,趋势项为零,重构误差 R 数量级为 10^{-15},分解具有完备性,分解结果比较理想。其次,由表 4.2 可以看出,在总体平均次数和加入的白噪声是相同的情况下,CELCD 得到的分量 I_8 与实际分量 $x(t)$ 的相关性比 CEEMDAN 得到的分量 I_7 与 $x(t)$ 的相关性更高,而相应的能量误差则更小,因此,CELCD 得到的分量比 CEEMDAN 得到的分量更接近实际分量。第三,由表 4.2 知,CELCD 正交性指标较小,仅为 CEEMDAN 的正交性指标的 10%,这说明 CELCD 分解具有更好的分解正交性。

以上两个仿真信号分析的结果表明,CELCD 不仅能够有效地抑制由于高频间歇和随机噪声引起的模态混叠,而且分解优于基于噪声辅助分析的 EEMD,CEEMD 和 CEEMDAN 方法。

4.3.3　CELCD 在转子碰摩故障诊断中的应用

上述仿真信号分析结果初步表明 CELCD 是一种有效的非平稳信号处理方法,能够有效地抑制 LCD 分解过程中的模态混叠问题,得到较为合理的 ISC 分量。为了验证本章提出方法的优越性和实用性,我们将 CELCD 方法应用于转子系统单点局部碰摩故障诊断。

从故障转子系统中,采得其径向振动位移信号,转速为 3 000 r/min,即工频 $f_r=50$ Hz,为方便,记 $f_r=X$。采样频率为 2 048 Hz。其时域波形如图 4.9 所示。通过分析其幅值谱发现其主要频率成分只有工频和 3 倍频,其他和碰摩故障有关的高频或分频信息全部被噪声和背景干扰所淹没,无法识别出。为此,采用 CELCD 方法对时域信号进行分解,分解结果如图 4.10 所示,CELCD 分解得到 13 个分量,这里只画出前 6 个分量和其剩余分量,其中,I_i 表示分解得到的第 i 个分量($i=1,2,\cdots,6$),R_6 表示剩余项。

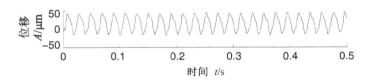

图 4.9　局部碰摩故障的转子径向位移振动信号

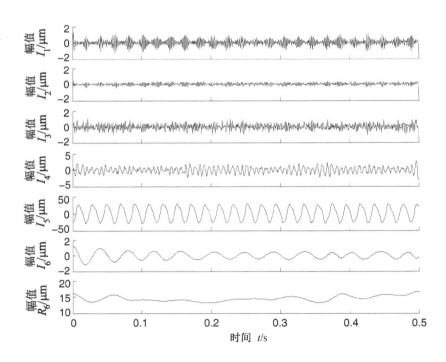

图 4.10　局部碰摩故障转子径向位移振动信号的 CELCD 分解结果

图 4.10 中第一个 ISC 分量 I_1 具有明显的调幅特征,包含了主要的高频的碰摩故障信息,对其进行包络谱分析,为了避免希尔伯特变换的端点效应,这里估计信号瞬时幅值的方法是经验调幅调频分解(参见文献[129],也可参见本书的第 5 章第 2 节部分),得到分量 I_1 的包络谱如图 4.11 所示。从图 4.11 中可以看到,在工频 50 Hz 处有明显的谱线,也即调幅信号中调制波的频率刚好为工频,这是因为转子每旋转一周,动、静件就摩擦一次造成的,因此,I_1 包含了重要的碰摩信息[16]。I_3 是噪声信号,I_2 是受噪声和高频调幅信号影响的信号,包含了高频中低于调幅频段的信息。另外,对其余分量频谱[图 4.12(a)(b)(c)]进行分析发现,I_4 是 $3X$ 分量,I_5 是 X 分量,I_6 是 $\frac{1}{2}X$。值得一提的是,CELCD 方法不仅分解出了包含主要碰摩故障信息的调幅特征高频分量,而且还分解出了 $3X$ 和 X 分量;不仅如此,CELCD 方法还分解出了低频故障信息 $\frac{1}{2}X$。根据文献[8,110,130],当转子系统出现中度或重度碰摩时,会出现分数倍频,如 $\frac{1}{2}X$,$\frac{1}{3}X$ 等及其倍频。因此,分解出的低频分量 I_6 也验证了转子发生了碰摩故障。

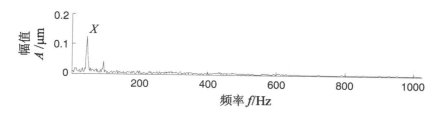

图 4.11 CELCD 的第一个分量 I_1 的包络谱

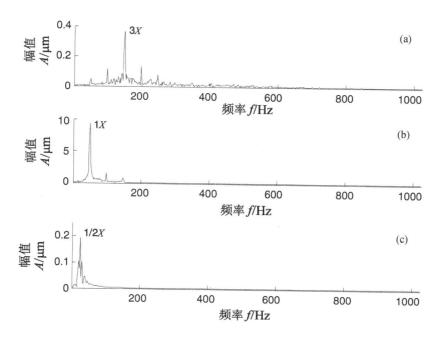

图 4.12 (a)(b)(c)分别对应为分量 I_4,I_5 和 I_6 的频谱

为了对比,再采用 LCD 方法对上述同一转子径向位移振动信号进行分解,分解结果如图

4.13所示。由图4.13中可以发现,LCD分解分量中多个分量发生了模态混叠,由高频调幅分量 I_1 的包络谱(图4.14)中无法读取明显的调幅部分频率,这也从另一方面验证了该方法的必要性和优越性。

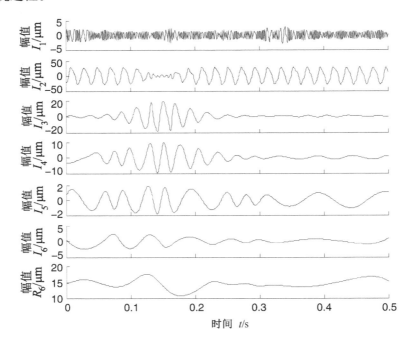

图 4.13　局部碰摩故障转子径向位移振动信号的 LCD 分解结果

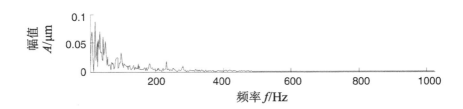

图 4.14　LCD 分解的第一个分量 I_1 的包络谱

为了抑制局部特征尺度分解的模态混叠及克服现有噪声辅助分析的抑制模态混叠方法得到的分量未必满足 IMF 或 ISC 条件、易产生虚假成分和需要人为后续处理等缺陷,学者们提出了一种新的抑制局部特征尺度分解模态混叠的方法——完备总体平均局部特征尺度分解方法(CELCD)。通过分析仿真信号和试验信号,结果表明,CELCD 方法在:(1)抑制模态混叠的效果方面;(2)抑制伪分量的产生及分解的正交性方面;(3)分量的精确性,即与实际信号的吻合度方面,要优于 LCD 和 CEEMDAN 方法。同时,将 CELCD 方法应用于转子碰摩故障信号,通过分析得到的高频调幅特征分量,以及低频的分数频分量,有效地实现了转子碰摩故障的诊断。尽管如此,CELCD 方法也有不足之处,如添加白噪声的个数和幅值需要人为经验,未实现自适应性;高频异常信号的检测方法仍有待进一步提高。

4.4 部分集成局部特征尺度分解方法

为了解决 LCD 的模态混叠问题,借鉴 Wu 和 Huang 提出的总体平均经验模态分解(EE-MD)和 Yeh 提出的补充的总体平均经验模态分解(CEEMD)等的思路,即:通过向待分析信号添加白噪声,再利用白噪声的统计特征,通过集成平均消除白噪声的误差影响从而达到抑制模态混叠的目的,本节首先提出了集成局部特征尺度分解(ensemble local characteristic-scale decomposition,ELCD)方法,以期能够抑制 LCD 分解过程中的模态混叠。ELCD 借鉴 CEEMD 思路,在添加一个正的白噪声的同时也添加一个负的白噪声,减小了白噪声残留,提高了分解的完备性。

然而研究发现,机械地照搬 CEEMD 思路的 ELCD 方法,其分解效果并不理想,因为 LCD 对噪声比 EMD 方法更敏感,有更高的频率分辨能力,这使得添加幅值相近的白噪声,LCD 分解结果却有较大差异,集成时会出现偏差,分解会出现较多伪分量,也无法保证得到的分量满足内禀尺度分量(ISC)定义。

由于添加白噪声是为了均匀化原始信号极值点分布,而间歇和噪声等引起模态混叠的信号一般会被最先分解出,之后极值点分布较为均匀,仍进行总体平均分解是没有必要的。基于此,本节提出了部分集成局部特征尺度分解(partly ensemble local characteristic-scale decomposition,PELCD)方法,步骤是:首先向目标信号中成对地添加符号相反的白噪声信号,对加噪信号依据频率高低逐层进行总体平均分解;其次,检测高频间歇和噪声信号,及时检测出异常信号是分解的关键,若未完全检测出异常信号,则达不到抑制模态混叠的目的。Bandt 和 Pompe 提出的时间序列的随机性检测方法——排列熵(permutation entropy,PE)能够检测时间序列随机性和动力学突变行为。PE 值越大,时间序列越随机;PE 值越小,时间序列越规则;由于先分解出的高频信号和噪声随机性较大,因此 PE 值较大;而当分解出的分量为平稳信号时,序列较为规则,PE 值较小,且 PE 取值在[0,1]区间,便于控制。因此,通过设置合理的 PE 阈值可以实现信号随机性的检测。最后,将检测出的间歇和噪声信号从原始信号中分离出来,再对得到的剩余信号进行完整 LCD 分解。

PELCD 方法不但能够在一定程度上抑制模态混叠,而且克服了集成平均的方法的计算量大、分量未必满足 ISC 定义条件等缺陷,具有一定的优越性。通过仿真信号对 ELCD 和 PELCD 方法进行了验证,结果表明,ELCD 和 PELCD 都能够在一定程度上抑制模态混叠,PELCD 方法在抑制伪分量、提高分量精确性等方面有更好的效果。

4.4.1 集成局部特征尺度分解(ELCD)

由于成对添加符号相反的白噪声到目标信号中再进行集成平均分解,不但能够得到与 EEMD 相同的结果,且能有效地大大减小分解过程中的白噪声引起的重构误差,提高分解的完备性,基于此,本节首先提出了集成局部特征尺度分解(ELCD)方法,步骤如下:

(1)假设原始信号为 $S(t)$,分别添加白噪声信号 $n_i(t)$ 和 $-n_i(t)$ 到原始信号,即

$$S_i^+(t) = S(t) + a_i n_i(t) \qquad (4.12a)$$
$$S_i^-(t) = S(t) - a_i n_i(t) \qquad (4.12b)$$

其中,$n_i(t)$ 表示添加的白噪声信号,a_i 表示添加噪声信号的幅值,$i=1,2,\cdots,Ne$,Ne 表示添加白噪声对数。

(2)分别对 $S_i^+(t)$ 和 $S_i^-(t)$ 进行 LCD 分解,得到不同的 ISC 分量 $I_{ij}^+(t)$,$I_{ij}^-(t)$ 和剩余项

$r_{ij}^+(t), r_{ij}^-(t), j=1,2,\cdots,P, P$ 为分量个数。

（3）执行上述步骤（2）直至 $i=Ne$。

（4）将上述对应 ISC 分量进行集成平均，消除添加白噪声的影响，得到

$$I_j(t) = \frac{1}{2Ne} \sum_{i=1}^{Ne} \left[I_{ij}^+(t) + I_{ij}^-(t) \right] \tag{4.13}$$

于是

$$S(t) = \sum_{j=1}^{P} I_j(t) + r_j(t) \tag{4.14}$$

对不同的信号添加白噪声的幅值 a_i 和集成次数 Ne 还没有一致的标准。所加白噪声的幅值一般为原始信号标准偏差（standard deviation, SD）的 $0.1 \sim 0.5$ 倍，Ne 数量级一般取百以内。

4.4.2 PELCD 算法

由于添加白噪声是均匀化信号极值点分布，在提取出间歇和噪声等干扰信号之后信号极值点分布渐近均匀，基于此，本节提出了部分集成局部特征尺度分解（PELCD）方法，步骤如下：

（1）分别添加白噪声信号 $n_i(t)$ 和 $-n_i(t)$ 到原始信号 $S(t)$，同 ELCD 步骤（1）。

（2）分别对加噪信号 $S_i^+(t)$ 和 $S_i^-(t)$ 进行 LCD 分解，得到一系列 $\{I_{i1}^+(t)\}$ 和 $\{I_{i1}^-(t)\}$（$i=1,2,\cdots,Ne, Ne$ 是添加白噪声对数），再对结果进行集成平均得到：

$$I_1(t) = \frac{1}{2Ne} \sum_{i=1}^{Ne} \left[I_{i1}^+(t) + I_{i1}^-(t) \right] \tag{4.15}$$

（3）检测 $I_1(t)$ 是否是高频间歇或噪声信号。若是，继续执行步骤（2），直至 $I_p(t)$ 不是异常信号。若排列熵（PE）值大于阈值 θ_0，则认为该分量为异常信号（高频间歇或噪声等引起模态混叠的信号）；若 PE 值小于 θ_0，则该分量不是异常信号。

（4）将已分解的前 $p-1$ 个分量从原始信号 $S(t)$ 中分离出来，即

$$r(t) = S(t) - \sum_{j=1}^{p-1} I_j(t) \tag{4.16}$$

（5）再对剩余信号 $r(t)$ 进行完整 LCD 分解。

PELCD 由于成对地添加白噪声，减小了噪声残留，保证了分解的完备性；同时通过检测异常信号，避免了不必要的集成平均，不但能够抑制模态混叠，而且减小了计算量，使得更多分量满足 ISC 判据条件。

4.4.3 仿真与实测信号分析

为了说明 ELCD 和 PELCD 方法的有效性和合理性，下面我们通过仿真信号进行验证，考虑式（4.17）所示信号：

$$x(t) = x_1(t) + x_2(t) + x_3(t), t=0 : \frac{1}{1000} : 1 \tag{4.17}$$

其中，$x_1(t) = (t^2+1)\cos(2\pi 40t)$，$x_2(t) = e^{-\frac{t}{2}}\cos(2\pi 15t)$；$x_3(t)$ 是幅值为 0.4、频率为 200 Hz 和幅值为 0.2、频率为 150 Hz 的两段正弦信号组成的高频间歇信号。

分别采用 ELCD, CEEMD 和 PELCD 对式（4.17）所示的仿真信号进行分解，结果分别如图 4.15，图 4.16 和图 4.17 所示。ELCD 方法中，添加噪声幅值 a 和集成次数 Ne 分别为 0.4 和 120；CEEMD 方法中，a 和 Ne 分别为 0.2 和 120；PELCD 方法中，a 和 Ne 分别为 0.4

和 120。

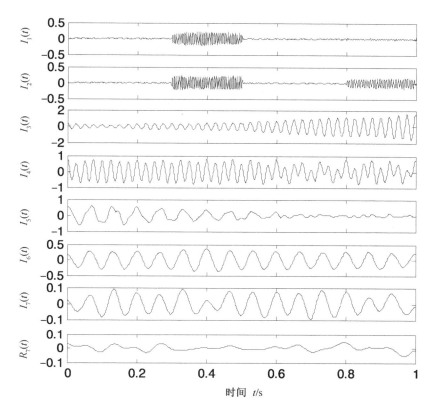

图 4.15　式(4.17)所示仿真信号的 ELCD 分解结果

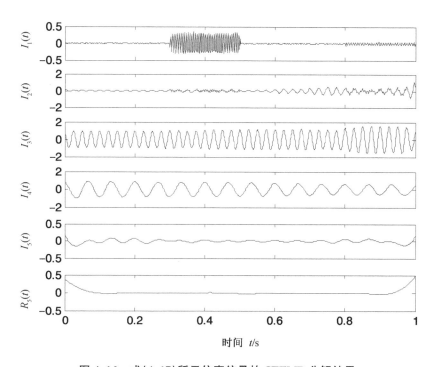

图 4.16　式(4.17)所示仿真信号的 CEEMD 分解结果

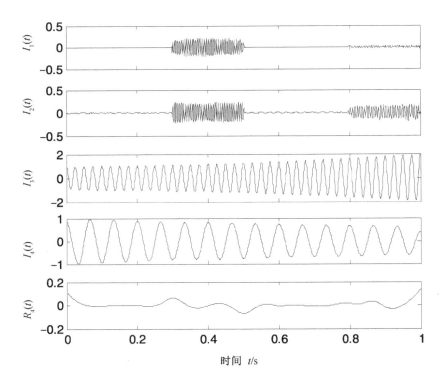

时间 t/s

图 4.17　式(4.17)所示仿真信号的 PELCD 分解结果

由图 4.15,图 4.16 和图 4.17 可以发现,ELCD 虽然能够抑制分解过程的模态混叠,但出现了较多的伪分量,本质上仍存在模态混叠;CEEMD 虽然也实现了高频间歇信号和低频分量的区分,抑制了分解的模态混叠,然而 CEEMD 分解的分量 $I_2(t)$ 包含了 $I_3(t)$ 成分,使得分量 $I_3(t)$ 与真实值 $x_1(t)$ 吻合较差;PELCD 方法则完美地实现了高频间歇信号和低频分量的分解,前两个分量为间歇信号,$I_3(t)$ 与 $I_4(t)$ 分别对应为仿真信号的 $x_1(t)$ 和 $x_2(t)$。经计算,CEEMD 两个分量与真实值的相关性系数分别为 0.989 7 和 0.993 2,而 PELCD 的分量与真实值的相关性为 0.999 5 和 0.997 9。因此,综上所述,PELCD 在抑制模态混叠和伪分量、提高分量的精确性方面要优于 ELCD 和 CEEMD 方法。

上述仿真干扰信号为间歇高频信号,再考虑式(4.18)所示的仿真信号:

$$x(t) = x_1(t) + x_2(t) + x_3(t), t \in [0,1] \tag{4.18}$$

其中,$x_1(t) = \cos(2\pi 40t)$,$x_2(t) = \cos(2\pi 15t)$,$x_3(t)$ 为幅值 0.1 的噪声信号。

由于分量频率为常函数,波形简单,这里不再画出。分别采用 CEEMD 和 PELCD 对 $x(t)$ 进行分解,分解结果如图 4.18 和图 4.19 所示,其中添加白噪声幅值为 0.1,添加白噪声对数为 60(即总体平均的次数为 120)。

由图 4.18 和图 4.19 可以看出,CEEMD 虽然分解出了噪声信号和两个低频分量,但 $I_2(t)$ 包含了噪声和 $I_3(t)$ 成分,得到的 $I_3(t)$ 和 $I_4(t)$ 与真实值也有明显的误差。计算发现,二者与真实值的相关性分别为 0.976 3 和 0.991 0。PELCD 分解的结果与真实值较为接近,误差较小,得到的分量与对应真实值的相关性分别为 0.997 1 和 0.997 7。

为比较分解分量的瞬时特征,图 4.20 给出了两种分解方法得到的第三个分量 $I_3(t)$ 的瞬时幅值和瞬时频率,从中可以看出,CEEMD 和 PELCD 得到的分量瞬时频率与真实频率

(40 Hz)的差别都很小,但 CEEMD 分量的端点效应较为严重;CEEMD 第三个分量的瞬时幅值波动较大,而 PELCD 第三个分量的瞬时幅值误差较小,更接近理论值 1。

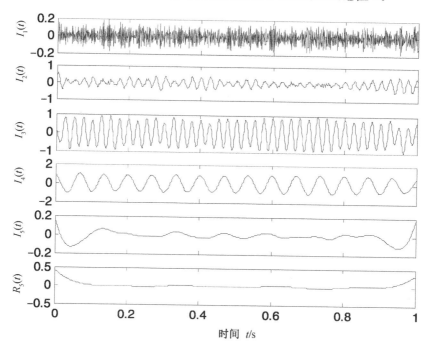

图 4.18　式(4.18)所示仿真信号的 CEEMD 分解结果

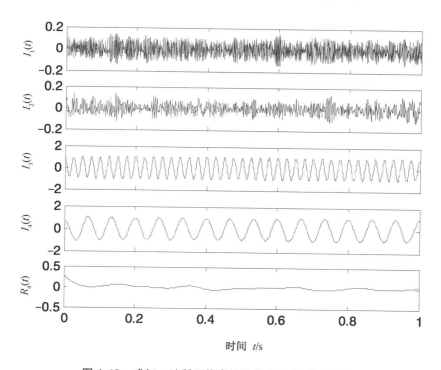

图 4.19　式(4.18)所示仿真信号的 PELCD 分解结果

上述仿真信号表明,与 CEEMD 相比,PELCD 能够更好地抑制模态混叠,得到的分量精确

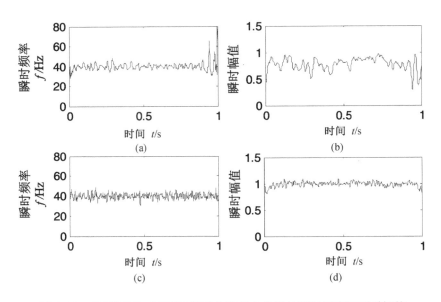

图 4.20　CEEMD 和 PELCD 得到的第三个分量的瞬时频率和瞬时幅值

性更高,是一种有效的信号分解方法。为了说明 PELCD 对实测信号的有效性,考虑将 PELCD 方法应用于 Wu 和 Huang 在原 EEMD 文献中分析的日长(length-of-day,LOD)数据的部分(1980 年 01 月 01 日—1990 年 01 月 01 日,数据幅值单位:10 000)[63]。分别采用 CEEMD 和 PELCD 对其进行分解,添加噪声幅值为 0.2,集成次数为 200。分解结果分别如图 4.21 和图 4.22 所示,为节约篇幅只画出了前五个分量及其剩余项。观察图 4.21 和图 4.22 易发现,二者的分解结果是相对应的。各分量的物理意义是,$I_1(t)$ 平均幅值远小于其他分量,是具有拟正则的周期近似为 7 天峰值与随机高频波动的叠加。$I_2(t)$ 平均周期为 14 天,$I_3(t)$ 平均周期为 28 天等。虽然从二者分解的结果中都能得到如上周期规律,但从波形图可以看出,CEEMD 分解得到的分量并不是关于横轴对称的(如图中虚线所圈部分),不是严格意义上的 IMF,如分量 $I_2(t)$,$I_4(t)$ 和 $I_5(t)$;而 PELCD 分解得到的分量光滑性更好,关于横轴对称,满足 ISC 分量的定义,而且计算发现,PELCD 各分量的上述周期特征更为明显和精确。

ELCD 虽然能够在一定程度上抑制模态混叠,但分解会产生很多伪分量。PELCD 则对模态混叠有更好的抑制作用。PELCD 至少在以下三个方面要优于 ELCD 和 CEEMD 方法:

(1)首先,在计算时间和速度方面。PELCD 只有前几个分量采用集成平均,而剩余分量则是 LCD 分解。因此,理论上 PELCD 计算时间要少于 ELCD 方法。

(2)其次,在抑制模态混叠和伪分量方面。ELCD 和 CEEMD 虽然能在一定程度上抑制模态混叠,但是依赖于添加白噪声的幅值和集成次数,如果参数选择不合适,那么分解会产生较多的伪分量,而 PELCD 分解产生的伪分量相对较少。

(3)第三,在分解得到的分量的精确性方面。CEEMD 和 ELCD 方法并不能保证得到的分量满足 IMF 和 ISC 分量的定义,需要后续处理。PELCD 得到的分量满足 ISC 分量定义条件,提高了分量的精确性。

综上,理论和仿真分析结果都表明,PELCD 对 LCD 分解中的模态混叠有很好的抑制作用,是一种有效的数据处理方法。

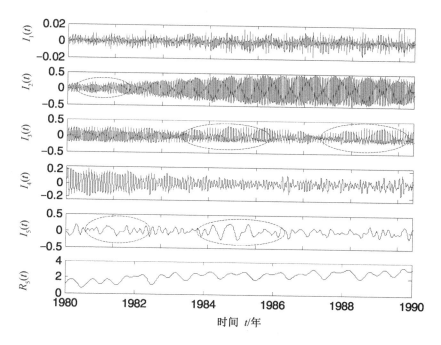

图 4.21   LOD 数据的 CEEMD 分解结果

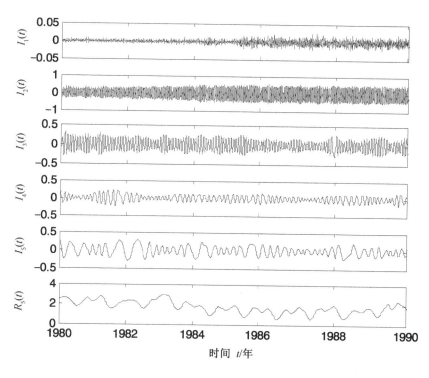

图 4.22   LOD 数据的 PELCD 分解结果

4.5 基于伪极值点假设的经验模态分解

总体平均经验模态分解(EEMD)通过对原始信号多次加入不同的白噪声进行 EMD 分解,将多次分解的结果进行平均即得到最终的 IMF。EEMD 方法的不足之处在于:参数的选择不具有自适应性和一定的标准,且对分解结果影响较大,得到的分量未必满足 IMF 定义,需要进行后续处理等。Yeh 通过将白噪声成对地加入到待分解信号,提高了 EEMD 的完备性,但分解效果却与 EEMD 相近;Torres 提出了一种完备的自适应添加噪声的 EEMD 方法,实现了每一阶噪声的自适应添加,且保证了分解的完备性,分解效果有一定的提高,但仍是通过集成平均的方式得到 IMF,且仍需要选择添加白噪声幅值和数目,本质与 EEMD 差别不大。这三种方法的共同点是通过添加白噪声信号辅助分析的方式均匀分解信号的极值点分布来实现抑制模态混淆的目的。

EMD 分解发生模态混叠的根本原因是信号的极值点分布差异较大且幅值不同,研究表明引起模态混叠的信号主要是间歇信号和噪声,通过均匀化信号的极值分布可以有效地抑制模态混叠的产生。基于此,Chu 等提出了一种紧致经验模态分解(Compact EMD,CEMD)[131],CEMD 通过定义最小的极值尺度在原始信号极值点不变的情况下增加伪极值点,使得信号极值点分布更加均匀,从而很好地抑制了模态混叠。Chu 采用四阶厄尔米特多项式对极值点进行插值,这对数据光滑性要求较高;由于机械设备振动信号为非线性、非平稳信号,光滑性不高,结合振动信号非线性和非平稳的特点,本节提出一种改进的 CEMD 方法——基于伪极值点假设的经验模态分解(pseudo-extrema based EMD,PEMD)方法。PEMD 通过定义最小的极值尺度来度量信号的其他尺度,增加新的伪极值点,每次提取出瞬时频率最高的信号,能够很好地抑制 EMD 分解的模态混叠问题。

最后,结合转子碰摩故障振动信号的特征:转子碰摩故障的位移振动信号一般由高频调制信号、转速倍频信号及分倍频信号组成,各组成成分物理意义明显,且各成分近似为调幅调频信号或正弦信号,近似为 IMF 分量。因此,PEMD 可以有效地将高频碰摩和转速成分,以及分频成分等分离,避免各成分之间的频率混淆,从而实现转子碰摩故障的诊断。本节将 PEMD 方法应用于转子碰摩故障的试验数据分析,并与 EMD 进行了对比,结果表明了 PEMD 方法的有效性和优越性。

4.5.1 基于伪极值点假设的经验模态分解(PEMD)

EMD 分解发生模态混叠时,尺度差异较大的信号被分解到同一个 IMF 分量中,因此,限制分解过程中的尺度将会对模态混叠有很好的抑制,基于此,本节提出了一种基于伪极值点假设的经验模态分解(PEMD)方法。

对实信号 $x(t)(t>0)$,设其所有极大值点为 $(\tau_i^{\max}, X_i^{\max})(i=1,2,\cdots,M_1)$,所有极小值点为 $(\tau_k^{\min}, X_k^{\min})(k=1,2,\cdots,M_2)$,所有极值点记为 $(\tau_j, X_j)(j=1,2,\cdots,M_1+M_2)$。

相邻极大值 $(\tau_i^{\max}, X_i^{\max})$ 与 $(\tau_{i+1}^{\max}, X_{i+1}^{\max})$ 的横坐标距离 $d_i^{\max}$ 称为极大值尺度,定义为

$$d_i^{\max} = \tau_{i+1}^{\max} - \tau_i^{\max}, i=1,2,\cdots,M_1-1 \tag{4.19}$$

类似地,相邻极小值 $(\tau_k^{\min}, X_k^{\min})$ 与 $(\tau_{k+1}^{\min}, X_{k+1}^{\min})$ 的横坐标距离 $d_k^{\min}$ 称为极小值尺度,定义为

$$d_k^{\min} = \tau_{k+1}^{\min} - \tau_k^{\min}, k=1,2,\cdots,M_2-1 \tag{4.20}$$

称相邻极值 (τ_j, X_j) 与 (τ_{j+1}, X_{j+1}) 的横坐标距离 d_j^{extr} 为极值尺度,定义为

$$d_j^{extr} = \tau_{j+1} - \tau_j, j = 1,2,\cdots,M_1 + M_2 - 1 \tag{4.21}$$

定义信号的最小尺度 δ 为: $\delta = \min\{\min(d_{\max}), \min(d_{\min})\}$, 伪极值点的定义方式如下:

若 d_j^{extr} 大于 2δ, 则分别视 $(\tau_{j+(2m-1)\delta}, x(\tau_{j+(2m-1)\delta}))$ 和 $(\tau_{j+2m\delta}, x(\tau_{j+2m\delta}))$ 为极值点, 称之为伪极值点, 其中 d_j^{extr} 内新增伪极值点的对数为 $a_j = \left[\dfrac{d_j^{extr}}{2\delta}\right]$。特别地, 若 (τ_j, x_j) 是极大值, (τ_{j+1}, x_{j+1}) 是极小值, 则视 $(\tau_{j+(2m-1)\delta}, x(\tau_{j+(2m-1)\delta}))$ 为伪极小值点, $(\tau_{j+2m\delta}, x(\tau_{j+2m\delta}))$ 为伪极大值点; 若 (τ_j, x_j) 是极小值, (τ_{j+1}, x_{j+1}) 是极大值, 则视 $(\tau_{j+(2m-1)\delta}, x(\tau_{j+(2m-1)\delta}))$ 为伪极大值点, $(\tau_{j+2m\delta}, x(\tau_{j+2m\delta}))$ 为伪极小值点。对于离散数据要求 $\delta \cdot f_s > 1$, f_s 为采样频率。图 4.23 给出了一个信号的极值点与伪极值点的分布。

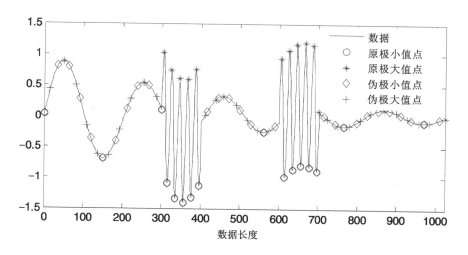

图 4.23　一个仿真信号的伪极值点示意图

基于伪极值点的定义, PEMD 的分解过程如下:

(1)确定原始信号 $x(t)$ 所有极大值点和极小值点, 通过上述方式确定 $x(t)$ 所有伪极值点, 将得到的伪极大值点视为极大值点, 将得到的伪极小值点视为极小值点。

(2)分别采用三次样条拟合所有极大值点和极小值点, 得到上包络线 $e_1(t)$ 和下包络线 $e_2(t)$, 并计算二者的均值曲线, 即 $m(t) = \dfrac{[e_1(t) + e_2(t)]}{2}$。

(3)将均值曲线 $m(t)$ 从原始信号中分离出来得到剩余分量 $u(t)$, 即

$$u(t) = x(t) - m(t) \tag{4.22}$$

若 $u(t)$ 满足 IMF 分量的定义, 记为 $I_1(t)$, 否则, 视 $u(t)$ 为 $x(t)$, 重复上述步骤, 直到 $u(t)$ 满足 IMF 分量的定义, 记为 $I_1(t)$; 将 $I_1(t)$ 从原始信号中分离, 得到剩余项 $r(t) = x(t) - I_1(t)$。

(4)将 $r(t)$ 视为原始数据, 重复上述步骤(1)~(3), 直到剩余信号 $r(t)$ 满足筛分终止条件。

上述步骤(3)中需要选择合适的 IMF 判据, PEMD 通过最小极值尺度度量所有极值尺度来增加伪极值点, 每次提取出信号中尺度最小也即瞬时频率最高的分量[131], 也正因为如此, 由于端点效应的影响, PEMD 会分解出频率较大, 且幅值较小的信号。为了抑制这种情况的产生, 本节选择限制迭代次数的方法来终止迭代。一般地, 迭代次数限制为 6~10 次, 也可以依据不同的分量限制不同的迭代次数。第(4)步中原 EMD 方法中的筛分终止条件是剩余信

号的极值点个数不超过两个,但是由于三次样条拟合易引起包络过冲和不足,导致过多的虚假分量的产生,因此,本节考虑采用如下筛分终止条件:剩余信号的极值点个数少于 3 或者剩余信号的能量与原信号能量比小于千分之一。

特别地,当所有 d_j^{extr} 小于 2δ 时,即伪极值点总数 $2\sum_{j=1}^{M_1+M_2-1} a_j = 0$ 时,信号中尺度未发生混淆,此时 PEMD 即等同于原 EMD 方法。PEMD 不需要 EEMD 的事先设置添加噪声的幅值和数目,因此,PEMD 是一种完备的、自适应的信号分解方法。

4.5.2 仿真分析

为了说明 PEMD 方法的有效性,首先将其应用于仿真信号的分析。考虑干扰信号分别为间歇和噪声两类信号,首先考虑混合信号:$x(t) = x_1(t) + x_2(t)$,其中 $x_1(t)$ 为高频间歇信号,$x_2(t) = [1 + 0.2\sin(6\pi t)]\sin(50\pi t)$,三者时域波形如图 4.24 所示。

分别采用 EMD,EEMD 和 PEMD 方法对其进行分解,三者分解结果如图 4.25,图 4.26 和图 4.27 所示,其中数据端点采用镜像延拓进行处理,EEMD 的添加的噪声的幅值和数目分别为 0.2 和 50,PEMD 中分量迭代次数为 6 次。

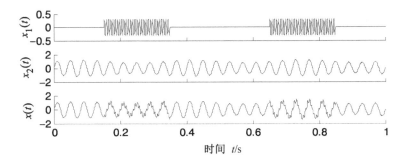

图 4.24 仿真信号的时域波形

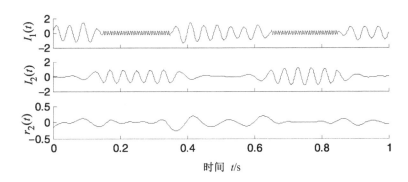

图 4.25 仿真信号的 EMD 分解结果

由图 4.25,图 4.26 和图 4.27 可以得到如下结论:①原 EMD 无法分解出高频间歇信号,出现了严重的模态混叠;②EEMD 和 PEMD 方法则实现了高频间歇与低频调制信号的分离;③EEMD 的第一个分量出现了白噪声残留,且幅值较大,这是由于集成次数不够大造成的;④为了说明 PEMD 方法的优越性,考察 EEMD 和 PEMD 分解的正交性,二者的正交性因子分别为 0.078 3 和 0.002 9,这说明 PEMD 分解正交性更好;⑤为了比较得到的分量的精确性,图 4.28 给出了第二个分量与真实值的绝对误差,由图 4.28 易发现,EMD 分解由于出现了模态

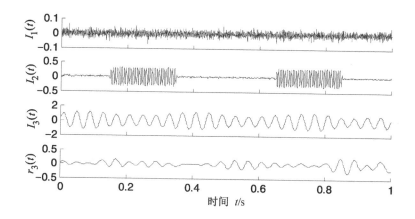

图 4.26　仿真信号的 EEMD 分解结果

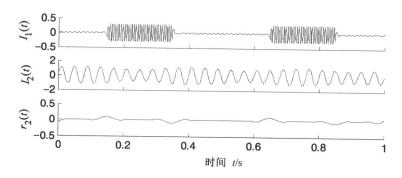

图 4.27　仿真信号的 PEMD 分解结果

混叠,得到的分量与对应真实值误差较大,EEMD 和 PEMD 都抑制了模态混叠的产生,得到的分量都较为精确,EEMD 得到的分量与对应真实值误差较小,与真实值的相关性为 0.995 6,PEMD 得到的分量与对应真实值误差最小,与真实值的相关性为 0.999 1。

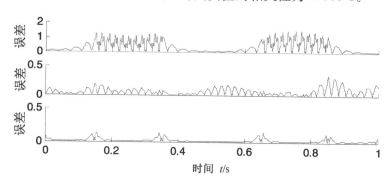

图 4.28　EMD,EEMD 和 PEMD 得到对应分量与 $x_2(t)$ 的绝对误差

上述仿真信号分析说明,PEMD 能够从干扰信号为高频间歇的信号中有效地提取出有意义的成分,且分解结果较为精确。下面考虑干扰信号为噪声的情形。

不失一般性地,仍考虑上述信号 $x_2(t) = [1+0.2\sin(2\pi 3t)]\sin(2\pi 25t)$, $x_1(t)$ 改为白噪声信号,二者混合信号为 $x(t)$,时域波形如图 4.29 所示。

仍采用 EMD,EEMD 和 PEMD 对其进行分解,EMD 分解出现了严重的模态混叠,结果不再画出,着重比较 PEMD 和 EEMD,二者分解结果如图 4.30 和图 4.31 所示,EEMD 的添加的噪声的幅值和数目分别为 0.15 和 100。为了说明得到分量的精确性,图 4.32 给出了二者的分解分量与对应真实值的绝对误差。

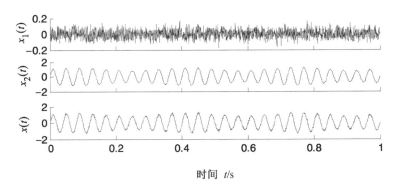

图 4.29   混合信号 $x(t)$ 的时域波形

由图 4.30,图 4.31 和图 4.32 可以看出,首先,EEMD 和 PEMD 都实现了噪声与低频调制信号的分离,与实际较为吻合,但 EEMD 分解出现了伪分量 $I_2(t)$,而 PEMD 不仅没有伪分量,且剩余项较小;其次,经计算知,二者的正交性因子分别为 0.034 6 和 0.002 1,这说明PEMD 分解正交性更好;对应分量与真实值的相关性分别为 0.999 2 和 0.999 5,二者较为接近,但由图 4.32 可以看出,PEMD 分解的误差水平更小。

上述两例说明,PEMD 方法对干扰信号为高频间歇和白噪声的信号都有很好的分解效果,能够有效地抑制分解过程中的模态混叠问题,而且得到的分量更为精确,优于 EMD 和EEMD 方法。

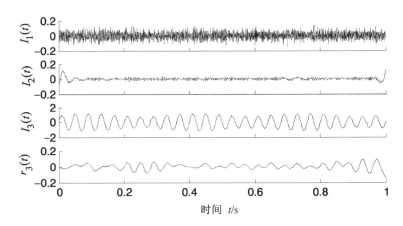

图 4.30   图 4.29 所示混合信号的 EEMD 分解结果

4.5.3   应用分析

为了说明 PEMD 方法的有效性和实用性,本节将 PEMD 方法应用于具有碰摩故障的转子径向位移振动信号分析。考虑具有碰摩故障的转子模拟信号,采样频率为 2 048 Hz,采样时间为 0.5 s,转速为 3 000 r/min,$f_r=50$ Hz,时域波形如图 4.33 所示,图 4.34 是其幅值谱,从中只看到主要频率成分为转频 50 Hz 和其 3 倍频,与故障有关的频率成分则不明显。

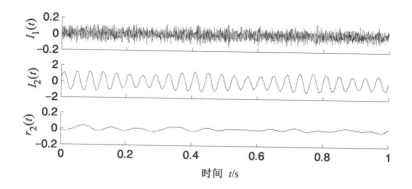

图 4.31 图 4.29 所示混合信号的 PEMD 分解结果

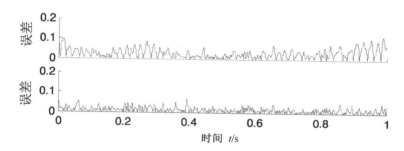

图 4.32 EEMD 和 PEMD 得到的与真实分量 $x_2(t)$ 对应的分量的绝对误差

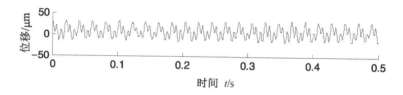

图 4.33 具有局部碰摩故障的转子径向位移振动信号

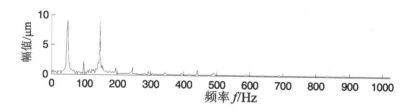

图 4.34 图 4.33 所示的转子径向位移振动信号的幅值谱

采用 PEMD 对上述振动信号进行分解,结果如图 4.35 所示。从图中可以看出,分解得到的第一个分量 $I_1(t)$ 具有调制特征,$I_1(t)$ 包含了碰摩故障的主要成分。对 $I_1(t)$ 求其包络谱,如图 4.36 所示,从中可以看出,$I_1(t)$ 的调制波频率为转频 50 Hz,这是由于转子每旋转一周动件与静件就要摩擦一次造成的。$I_2(t)$ 是转频的 3 倍频,$I_3(t)$ 是转频,$I_4(t)$ 为 1/5 分倍转频的 3 倍频,$I_4(t)$ 也进一步证实转子出现了碰摩故障[8,110,132]。

上述分析说明,PEMD 能够有效地从转子故障位移振动信号中分离出故障成分和转频成

57

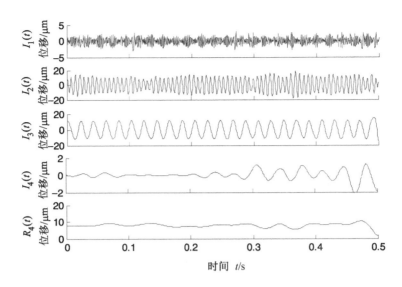

图 4.35　图 4.33 所示转子振动信号的 PEMD 分解结果

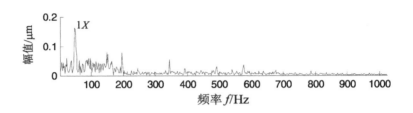

图 4.36　PEMD 分解第一个分量 $I_1(t)$ 的包络谱

分。为了说明 PEMD 的优越性,采用 EMD 对相同转子位移振动信号进行分解,结果如图 4.37 所示。由图中波形可以看出,EMD 分解的第一个分量 $I_1(t)$ 与第二个分量 $I_2(t)$,第二个分量 $I_2(t)$ 和第三个分量 $I_3(t)$ 都发生了局部模态混叠。虽然能够从第一个分量 $I_1(t)$ 的包络谱(图 4.38)中看出 50 Hz 的调制成分,但诊断效果不如 PEMD 分解第一个分量的明显。因此,与 EMD 相比,PEMD 具有一定的优越性。上述结果表明,PEMD 不仅对仿真信号有很好的分析效果,而且还能够有效地应用于转子碰摩故障的诊断,且效果优于 EMD 方法。

本节提出了一种基于伪极值点假设的经验模态分解(PEMD)来抑制 EMD 的模态混叠问题,并将其应用于转子碰摩故障的诊断,仿真和实测信号分析结果表明 PEMD 方法与 EMD 和传统的抑制模态混叠的方法 EEMD 相比,至少有如下优点:

(1)与 EMD 相比,PEMD 能够有效地抑制 EMD 分解的模态混叠问题,使得到的分量更具有物理意义;

(2)与 EEMD 相比,PEMD 分解得到的分量与真实信号的相关性更好,更吻合真实值,且分解的正交性也更好;

(3)PEMD 不需要添加白噪声和确定添加白噪声的幅值和数目,是一种完备的和自适应的信号分解方法;

(4)PEMD 能够从振动信号中有效地提取与故障特征有关的分量,有效地应用于机械设备故障诊断。

PEMD 是一种很有应用前景的数据分析方法,适合于机械设备故障振动信号的处理,但不足之处在于,PEMD也有端点效应,镜像延拓不是最理想的,仍需要进一步研究。

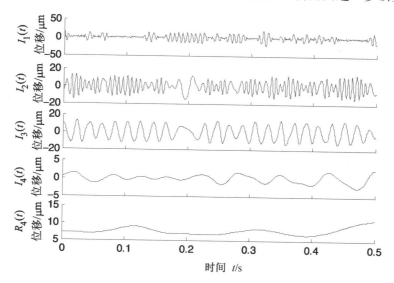

图 4.37　图 4.33 所示转子振动信号的 EMD 分解结果

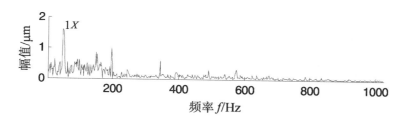

图 4.38　EMD 分解第一个分量 $I_1(t)$ 的包络谱

4.6　部分集成经验模态分解

　　经验模态分解(EMD)的一个主要问题是模态混叠。研究表明,引起模态混叠的因素主要包括间歇信号、脉冲干扰和噪声信号等[63]。很多学者提出了解决方法,如 Wu 等提出的总体平均经验模态分解(EEMD),Yeh 提出的补充的总体平均经验模态分解(CEEMD)等,二者都对 EMD 的分解有很好的抑制效果。但二者的缺陷是,计算量大,且如果添加白噪声幅值和迭代次数不合适,分解会出现较多伪分量,需要对 IMF 分量进行重新组合或者后续处理,而且得到的分量未必满足 IMF 定义条件。

　　事实上,添加白噪声的目的是为了改变信号极值点的分布,由于添加的白噪声和原始信号中引起模态混叠的间歇信号以及噪声等异常信号会最先被分解出,而在分解出异常信号之后,信号渐近平稳,极值点分布较为均匀,没必要再添加白噪声进行总体平均分解。基于此,本节提出了一种改进的 EEMD 算法,称之为部分集成经验模态分解(partly ensemble empirical mode decomposition,PEEMD),即:首先,采用补充的总体平均经验模态分解(CEEMD)对待分析信号依据瞬时频率高低逐层分解。其次,检测分解出的分量的排列熵值。排列熵是一种时间序列的随机性检测方法,熵值越大,说明序列越随机;熵值越小,说明序列越规则;且排列熵值取值在[0,1]区间,便于控制,因此,本节采用排列熵检测信号的随机性。由于先分解出的高频信号和噪声随机性较大,因此熵值较大,而当分解出的分量为平稳信号时,序列较为规则,熵值则较小,因此,通过设置排列熵阈值可以实现随机性的检测。最后,检测出通过总体平均得到的前几个较随机的异常分量之后,将其从原始信号中分离,再对得到的剩余信号进行EMD分解,并对得到的所有分量信号按高频到低频排列。PEEMD不但能够在一定程度上抑制EMD分解的模态混叠,而且克服了EEMD和CEEMD的不足,具有一定的优越性。

4.6.1 PEEMD 方法

对于非平稳信号 $S(t)$,PEEMD 方法分解步骤如下。

(1)在原始信号 $S(t)$ 中,分别添加均值为零的白噪声信号 $n_i(t)$ 和 $-n_i(t)$,即

$$S_i^+(t) = S(t) + a_i n_i(t) \tag{4.23a}$$

$$S_i^-(t) = S(t) - a_i n_i(t) \tag{4.23b}$$

其中,$n_i(t)$ 表示添加的白噪声信号,a_i 表示添加噪声信号的幅值,$i=1,2,\cdots,Ne$,Ne 表示添加白噪声对数。

(2)分别对 $S_i^+(t)$ 和 $S_i^-(t)$ 进行 EMD 分解,得到第一阶 IMF 分量序列,$\{I_{i1}^+(t)\}$ 和 $\{I_{i1}^-(t)\}(i=1,2,\cdots,Ne)$。对得到的分量进行总体平均:$I_1(t) = \dfrac{1}{2Ne}\sum_{i=1}^{Ne}[I_{i1}^+(t) + I_{i1}^-(t)]$。

检查 $I_1(t)$ 是否是异常信号,若熵值大于 θ_0,则被认为是异常信号,否则近似认为是平稳信号。经过多次试验发现,θ_0 取 $0.55\sim 0.6$ 较为合适,这里取 0.6。若 $I_1(t)$ 是异常信号,继续执行步骤(1),直至得到的分量 $I_p(t)$ 不是异常信号。

(3)将已分解的前 $p-1$ 个分量从原始信号中分离出来,即

$$r(t) = S(t) - \sum_{j=1}^{p-1} I_j(t) \tag{4.24}$$

(4)再对剩余信号 $r(t)$ 进行 EMD 分解,将得到的所有 IMF 分量按高频到低频排列。

PEEMD 方法避免了 EEMD 和 CEEMD 方法中不必要的集成平均,不但使得更多得到的分量具有 IMF 的意义,而且减小了 EEMD 和 CEEMD 的计算量,减小了由添加白噪声引起的重构误差,保证了分解的完备性。与 EEMD 和 CEEMD 类似,PEEMD 也需选择添加到目标信号的白噪声的幅值 a_i 和添加对数 Ne。目前还没有严格的理论上的选择依据,Wu 在文献[63]中指出,添加白噪声的幅值选定原始信号标准差(standard deviation,SD)的 $0.1 \sim 0.2$ 倍。集成次数以满足 $\varepsilon_n = \dfrac{\varepsilon}{\sqrt{N}}$ 为宜,其中 N 是集成次数,ε 是添加白噪声幅值,ε_n 是误差的最终标准偏差,定义为输入信号与得到的相应 IMF 分量之和的差值。添加的白噪声如果幅值太小,就不能够改变极值点的分布,起不到均匀极值点尺度的作用;增加集成次数,虽然能减少白噪声信号的影响,但是会增加运行时间。

4.6.2 仿真分析

为了验证 PEEMD 方法的有效性,不失一般性地,考察式(4.25)所示的仿真信号:

$$x(t) = x_1(t) + x_2(t) + n(t) \tag{4.25}$$

其中,$x_1(t) = 2\sin(2\pi 30t + \dfrac{\pi}{2})$,$x_2(t) = (t+1)\sin(2\pi 8t + \dfrac{\pi}{3})$,$t = \dfrac{1}{1000} : \dfrac{1}{1000} : 2$;$n(t)$ 是两段间歇随机噪声信号。混合信号式(4.25)及其各成分时域波形如图 4.39 所示。

分别采用 EMD,EEMD,CEEMD 和 PEEMD 对上述仿真信号进行分解。参数的选择、计

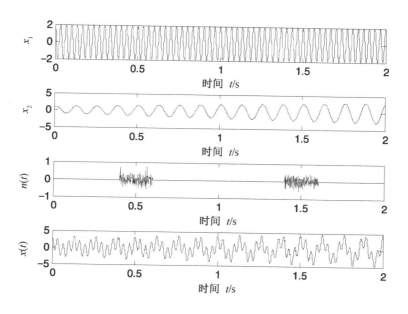

图 4.39　仿真信号式(4.25)及各组成成分的时域波形

算耗时以及正交性指标如表 4.3 所示。其中,运行软件 Matlab 7.12 (R2011a),台式计算机 CPU:Pentium(R) Dual-Core,内存 2.0 GB。由于 EEMD 和 CEEMD 分解结果基本相同, EEMD 分解结果不再画出,EMD,CEEMD 和 PEEMD 分解结果分别如图 4.40,图 4.41 和图 4.42 所示,其中 C_i 表示第 i 个 IMF 分量,R_i 表示剩余趋势项。

表 4.3　仿真信号(4.22)EEMD,CEEMD 和 PEEMD 分解的各项指标比较

	a_i	Ne*	耗时/s	IO
EEMD	0.2	100	41.001	0.2026
CEEMD	0.2	100 (50×2)	40.233	0.2069
PEEMD	0.2	100 (50×2)	8.9763	0.0131

* EEMD 添加噪声个数等于 CEEMD 和 PEEMD 添加噪声对数的 2 倍,因此集成次数三者相等

　　从图 4.40,图 4.41 和图 4.42 可以看出,首先,由于含有噪声信号干扰,EMD 分解结果出现了明显的模态混叠,同时分解产生了较多的虚假分量。EEMD 和 CEEMD 通过添加白噪声分解,并经过多次集成平均,克服了 EMD 模态混叠,分量 C_3 和 C_5 分别对应为原始信号中的分量 $x_1(t)$ 和 $x_2(t)$,但分解结果出现了较多的虚假和干扰分量,如 C_4 和 C_6 等;而 PEEMD 得到的残余分量为零,没有虚假分量,与实际信号吻合。其次,考虑分解的完备性,即重构误差,重构误差定义为原始信号与所有 IMF 分量之和的重构信号的差值。EMD 分解的完备性 Huang 在文献[23]中进行了详细的数值验证,本节不再赘述。图 4.43 给出了 EEMD, CEEMD 和 PEEMD 分解的重构误差。从图 4.43 中可以看出,EEMD 方法中添加的白噪声由于平均次数的限制,并没有完全被抵消。而 CEEMD 和 PEEMD 由于成对地添加白噪声可以有效地减小分解的误差,噪声抵消的效果很好,误差数量级很小,一般认为是由计算机数值计算引起,可以被忽略。第三,从表 4.3 中可以看出,在添加白噪声的幅值和集成次数相同的情况下,EEMD 和 CEEMD 所需计算时间相差不大,而与 EEMD 和 CEEMD 相比,PEEMD 不仅

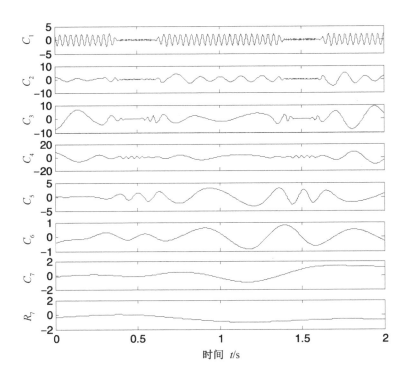

图 4.40 式(4.25)所示的仿真信号的 EMD 分解结果

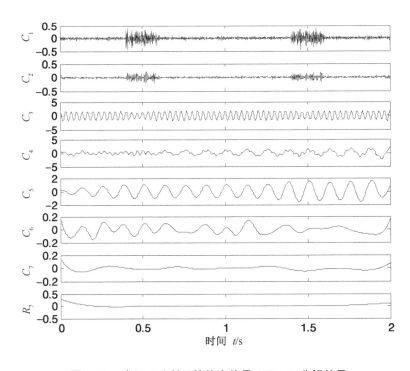

图 4.41 式(4.25)所示的仿真信号 CEEMD 分解结果

所需计算时间较少,而且分解的正交性也更好。

上述仿真信号初步表明,本节提出的 PEEMD 方法对含有间歇干扰的混合信号有很好的

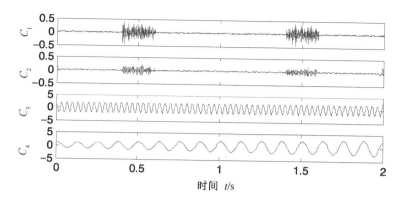

图 4.42 式(4.25)所示的仿真信号的 PEEMD 分解结果

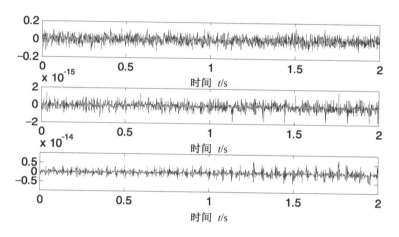

图 4.43 从上到下依次为 EEMD,CEEMD 和 PEEMD 的重构误差

分解效果,且比现有 EEMD 和 CEEMD 方法在节省计算量、缩小重构误差、抑制伪分量产生,以及在分量的合理性等方面都具有一定的优势。上述引起模态混叠的干扰是间歇噪声信号,不失一般性,再考虑干扰信号是高频高斯脉冲型的信号。考虑高斯脉冲 x_1 和正弦信号 x_2(频率为 7.5 Hz)叠加的混合信号 x_3,三者时域波形如图 4.44 所示。

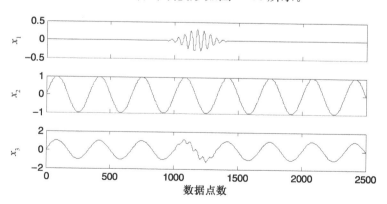

图 4.44 仿真信号的时域波形

分别采用 EEMD,CEEMD 和 PEEMD 对上述信号进行分解,其中,参数的选择如表 4.4 所示。CEEMD 和 PEEMD 的分解结果分别如图 4.45 和图 4.46 所示。

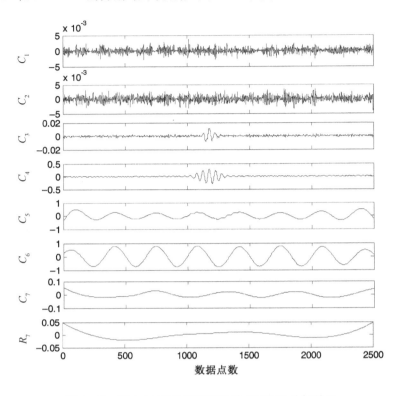

图 4.45　图 4.44 所示仿真信号的 CEEMD 分解结果

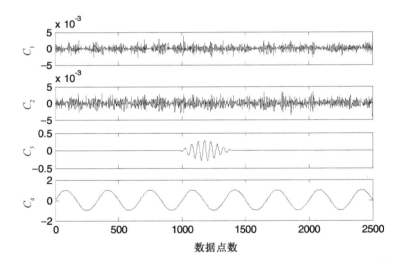

图 4.46　图 4.44 所示仿真信号的 PEEMD 分解结果

表 4.4　图 4.44 仿真信号的 EEMD,CEEMD 和 PEEMD 分解的各项指标比较

	a_i	Ne	耗时/s	IO
EEMD	0.1	100	50.178 6	0.203 0
CEEMD	0.1	100（50×2）	49.897 7	0.206 7
PEEMD	0.1	100（50×2）	8.919 0	5.319 4×10^{-5}

由图 4.45 和图 4.46 可以发现,首先,CEEMD 虽然能够分辨出仿真信号各模式分量,对模态混叠问题有一定的抑制作用,但同时也出现了较多的虚假分量;而 PEEMD 方法分解效果则近乎完美,分量 C_1 和 C_2 为添加的随机噪声,C_3 和 C_4 则分解对应着仿真信号的成分 x_1 和 x_2,分解的残余信号近似为零。因此,PEEMD 与仿真信号的实际成分非常吻合。其次,经计算发现,CEEMD 和 PEEMD 的重构误差幅值的数量级为 10^{-15},限于篇幅误差不再画出。最后,从表 4.4 中可以看出,PEEMD 方法在分解的正交性和计算耗时方面也优于 EEMD 和 CEEMD 方法。

4.6.3　应用实例

为了说明本节提出的 PEEMD 方法的实用性,考察具有故障的滚动轴承实测信号,试验数据来自美国 Case Western Reserve University（CWRU）轴承数据中心。试验所用数据为具有内圈故障的滚动轴承振动加速度信号,故障频率 f_i 约为 162.2 Hz,转速为 1 797 r/min,因此转频 f_r 约为 29.95 Hz,采样频率为 12 kHz,采样时长 0.25 s,其时域波形如图 4.47 所示。

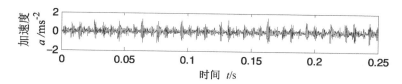

图 4.47　具有内圈故障的滚动轴承振动信号的时域波形

分别采用 EMD,CEEMD 和 PEEMD 对上述信号进行分解,限于篇幅,EMD 和 CEEMD 分解结果不再画出,PEEMD 分解结果如图 4.48 所示。其中 CEEMD 和 PEEMD 分解中添加噪声幅值和对数分别为 0.1 和 100。

从图 4.48 中可以发现,PEEMD 分解对模态混叠有一定的抑制,分解的分量较为合理。不仅如此,经计算发现,PEEMD 的分解重构误差也非常小,幅值数量级为 10^{-15},完备性较好。为了说明 PEEMD 的优越性,分别对 EMD,CEEMD 和 PEEMD 得到的各个分量做包络谱分析。研究发现,EMD,CEEMD 和 PEEMD 分解的前两个 IMF 分量的包络谱中,故障特征频率处的谱线都很明显,并且还有明显的 2 倍频谱线,三者都能够实现故障的诊断,无明显区别。而三者的第四个 IMF 分量的包络谱,如图 4.49 所示,图中横轴最大分析频率应为 6 000 Hz,为了便于观察,进行了 10 倍放大,EMD 分解所得第四个 IMF 分量没有特别明显的谱线,2 倍转频线也不明显;CEEMD 的第四个 IMF 分量中有明显的转频倍频和故障特征频率谱线,但其他频率干扰较大,而且,在 100 Hz 处的干扰谱线无法解释,另外,相对高频 200～300 Hz 部分谱线干扰也较大;而 PEEMD 分解的第四个 IMF 分量包络谱中,2 倍转频和故障特征频率谱线较为明显,干扰频率较少。因此,从这方面来说,PEEMD 方法具有一定的优势。

针对 EEMD 和 CEEMD 方法不能完整解决 EMD 中模态混叠的问题,本节基于排列熵的随机性检测,提出了改进的 EEMD 方法——部分集成局部特征尺度分解（PEEMD）。通过对仿真信号和实测信号分析,结果表明,PEEMD 不但能够有效地抑制 EMD 分解过程中的模态混叠,而

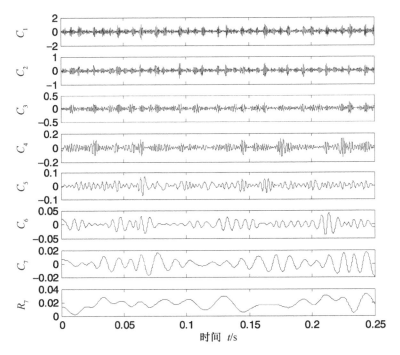

图 4.48 滚动轴承振动信号 PEEMD 分解结果

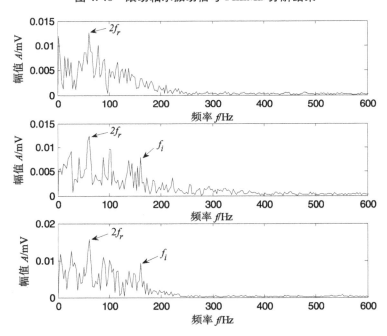

图 4.49 从上到下依次为 EMD,CEEMD 和 PEEMD 分解的第四个 IMF 的包络谱

且还节省了 EEMD 和 CEEMD 分解过程中的计算量,缩小了由于添加白噪声引起的重构误差,保证了得到的分量满足 IMF 的定义。PEEMD 方法中,为了提高 PEMD 分解的自适应性,在选择参数检测分解得到的异常信号时,提出了基于排列熵的随机性检测,通过选择适当的排列熵阈值,可以实现 PEEMD 的异常信号检测和自适应分解。当然,基于排列熵的检测方法不是唯一的,理论上选择更合适的平稳性信号检测方法会更好地提高 PEEMD 的分解效果。

第5章　内禀尺度分量瞬时频率估计与解调方法研究

5.1　引言

当机械设备发生故障时,机械故障振动信号往往表现为调制形式,因此解调分析成为机械故障诊断的一种常用的信号处理方法,在理论和实践方面都取得了很多研究成果,得到了广泛应用[133-135]。目前,机械故障诊断中常用的方法是采用希尔伯特变换对振动信号进行解调,从而提取机械故障振动信号的故障特征信息。但是希尔伯特变换在端点处有能量泄漏,而且具有不可避免的加窗效应,使得解调结果出现非瞬时响应特性,即在解调出的调制信号两端及有突变的中间部位将产生调制,表现为幅值按指数规律衰减的波动,从而使解调误差增大[136,137]。

最近,有学者采用能量算子解调方法提取振动信号的瞬时幅值和瞬时频率信息[138-140],研究结果表明,能量算子的解调效果明显优于希尔伯特变换解调,同时计算量也大大降低[48,136,141,142]。然而,能量算子基于信号具有慢变相位和慢变幅值的假设,而对瞬时幅值或频率是瞬变函数的信号,或者波形有波内调制或谐波失真的信号,能量算子方法将会有很大的误差,甚至不能使用[129]。

本章在研究了希尔伯特变换和能量算子解调方法的基础上,提出了两种新的解调方法:经验包络解调和归一化正交解调。由于希尔伯特变换解调、Teager 能量算子解调,以及本章提出的经验包络解调和归一化正交解调方法都只是针对单分量的调幅调频信号提出的,而机械系统中,大部分机械故障振动信号都是非线性和非平稳的多分量信号,传统的基于带通滤波的方法在对信号进行带通滤波时中心频率和带宽的选择带有很大的主观性[100],解调误差较大,不能有效地提取机械故障振动信号的特征。

近年来,随着经验模态分解(EMD)和局部均值分解(LMD)等这些自适应信号分解方法的提出,相关学者提出了基于 EMD 的 Hilbert 变换解调、能量算子解调以及基于 LMD 能量算子解调等方法,并已成功地应用于机械设备故障诊断,取得了很好的解调效果[140-142]。

本章在现有瞬时频率估计方法的基础上,提出了两种新的单分量信号瞬时频率估计方法:经验包络法和归一化正交方法。同时,在研究现有多分量信号解调方法的基础上,提出了基于 LCD 的经验包络解调方法和基于 GEMD 的归一化正交解调方法。通过对仿真和试验信号分析,结果表明,本章所提出的解调方法能有效地提取机械故障振动信号的特征和有效地实现机械设备的故障诊断。

5.2　瞬时频率估计方法

频率在信号处理、通信、物理等领域都是一个很重要的概念,它刻画波形的周期性质和振荡模式的一种属性。频率在物理上定义为周期的倒数,据此定义,如果要定义频率必须有一个完整的波形才能有周期,然而对一些平稳或非平稳信号,不存在固定的周期,但它却有振荡模式,其频率随时间不断变化,传统的频率的定义所具有的物理意义无法明确地描述其频率瞬变现象。因此,需要一个类似于频率的物理量来反映和刻画信号的这一性质。

1937 年,Carson 和 Fry 提出了瞬时频率的概念,1946 年,Gabor 给出了解析信号的概念[143],1948 年,Ville 提出了现在普遍接受的瞬时频率的定义,即实信号的瞬时频率定义为该信号所对应的解析信号的相位函数关于时间的导数,其中解析信号由希尔伯特变换定义[144]。常用的信号瞬时频率估计方法主要包括:希尔伯特变换,Teager 能量算子法,LMD 方法中的反余弦法[24]以及标准希尔伯特变换等。但这些方法都有其固有的缺陷,希尔伯特变换有明显的端点效应和能量泄漏;Teager 能量算子法仅对瞬时频率和瞬时幅值变化缓慢的函数适用,而当瞬时频率和幅值变化较大时,能量算子法会出现较大的偏差,甚至不能使用;反余弦法易在信号极值点处发生突变,误差和波动较大。为此,Huang 等提出了改进的瞬时频率估计方法,称为标准希尔伯特变换(normalized HT,NHT),NHT 通过对单分量信号进行经验调幅调频分解(empirical AM-FM decomposition,EAD)[129],将其分解为包络信号与纯调频信号的乘积,其中包络信号即为其瞬时幅值,由于纯调频信号的幅值为常数,满足 Bedrosian 定理条件,不再受限制,可以直接进行希尔伯特变换,从而估计信号的瞬时特征。但是 NHT 仍存在端点效应。对此,在文献[129]中,Huang 等还提出了另一种瞬时频率估计方法——直接正交法(direct quadrature,DQ),DQ 方法虽然避开了希尔伯特变换,但是在信号极值点处仍产生较大的波动和估计误差。

本章正是在经验调幅调频分解(EAD)的基础上,提出了两种新的瞬时频率估计方法——经验包络法(empirical envelope,EE)和归一化正交方法(normalized quadrature,NQ)。EE 方法基于 EAD 和微分运算,计算简单,不需要对极值点进行特殊处理;NQ 方法在 DQ 方法的基础上进行了改进,借助信号正交分量的定义和微分运算,具有严格数学基础,同时也不需要特殊点的处理,通过仿真信号分析表明 EE 和 NQ 方法有非常精确的估计效果。

5.2.1 希尔伯特变换与标准希尔伯特变换

信号瞬时频率的定义是基于它的解析形式,信号的解析形式定义基于希尔伯特变换。对于实信号 $x(t)$,其希尔伯特变换 $y(t)$ 定义为

$$y(t) = H[x(t)] = \frac{P}{\pi} \int_{-\infty}^{+\infty} \frac{x(\tau)}{t-\tau} d\tau \tag{5.1}$$

其中,P 表示柯西主值,$x(t)$ 的解析形式 $z(t)$ 定义为

$$z(t) = x(t) + iy(t) = a(t)e^{i\vartheta(t)} \tag{5.2}$$

其中,$a(t)$ 是瞬时幅值,$\theta(t)$ 是瞬时相位,分别如下:

$$a(t) = \sqrt{x^2(t) + y^2(t)} \;, \; \theta(t) = \arctan\left[\frac{y(t)}{x(t)}\right] \tag{5.3}$$

瞬时频率 $f(t)$ 定义为瞬时相位函数的导数,即

$$f(t) = \frac{1}{2\pi} \frac{d\theta(t)}{dt} = \frac{1}{2\pi} \theta'(t) \tag{5.4}$$

希尔伯特变换解调是一种有效和常用的解调方式,通过对原始信号进行希尔伯特变换解调可以得到信号的瞬时特征和时频分布信息等,但希尔伯特变换要受到 Bedrosian 定理的限制[129],即对于形如 $x(t) = a(t)\cos\varphi(t)$ 的单分量信号,对其进行 HT 的必要条件是信号是窄

带的单分量信号：

$$H[x(t)]=H[a(t)\cos\varphi(t)]=a(t)H[\cos\varphi(t)] \tag{5.5}$$

且 $a(t)$ 与 $\cos\varphi(t)$ 的频谱不重叠[145]。因此对于非窄带的信号，HT 则无法估计精确的瞬时频率。不仅如此，式(5.3)和式(5.4)估计的瞬时频率未必是信号的真实频率，其条件是信号 $x(t)$ 的解析形式 $z(t)$ 的虚部应等于 $x(t)$ 的正交信号 $x_q(t)$［与 $x(t)$ 有 90° 转相差］，但事实情况如 Nuttall 定理指出，$x(t)$ 的希尔伯特变换 $y(t)$ 并不一定等于 $x_q(t)$，二者之间存在差异，这一差异可以通过能量误差指标来衡量，即

$$\Delta E=\int_{-\infty}^{+\infty}[y(t)-x_q(t)]^2\mathrm{d}t=2\int_0^{+\infty}F_q(\omega)\mathrm{d}\omega \tag{5.6}$$

其中，$F_q(\omega)$ 为 $x_q(t)$ 的傅里叶变换。Bedrosian 和 Nuttall 定理表明应用 HT 估计信号的瞬时特征会受到一定的限制，尤其是对于较复杂的信号[145]。

对于有些瞬时频率不是常函数的信号，其 HT 会出现负频率，而且在端点处由于产生能量泄漏，因此，具有严重的端点效应。基于此，Huang 等基于一种单分量信号的标准化过程，提出了标准希尔伯特变换（NHT），即对于一个实信号，首先对其进行 AM-FM 形式分解，得到包络部分和纯调频部分，由于纯调频部分的瞬时幅值为常数，不再受 Bedrosian 定理的限制，再对其希尔伯特变换即可得到信号的瞬时相位和瞬时频率。NHT 虽然克服了 HT 出现负频率的缺陷，但是在端点处仍会产生能量泄漏，端点效应仍无法避免。

5.2.2 能量算子解调

Teager 能量算子(teager energy operator,TEO)作为一种有效的信号解调方法，其主要是通过对信号瞬时能量进行跟踪来实现解调，对于任意具有时变幅值 $a(t)$ 和时变相位 $\theta(t)$ 的调幅调频信号，其一般表达式可以写作[48,142]

$$x(t)=a(t)\cos\theta(t) \tag{5.7}$$

则可定义非线性信号算子 φ 为

$$\varphi[x(t)]=[x'(t)]^2-[x(t)x''(t)] \tag{5.8}$$

由此可以得到，

$$\varphi[x(t)]=[a(t)\theta'(t)]^2+a(t)^2\theta''(t)\frac{\sin[2\theta(t)]}{2+\cos^2[\theta(t)]}\varphi[a(t)] \tag{5.9}$$

一般而言，调制信号与载波信号相比变化要缓慢得多，此时 $a(t)$ 和 $\theta'(t)$［为方便，记 $\theta'(t)=\omega(t)$］相对于载波的变化而言是非常缓慢的，可近似视为常数，即 $\varphi[a(t)]\approx0$，$\theta''(t)\approx0$。

于是得到

$$\varphi[x(t)]=[a(t)\theta'(t)]^2=a^2(t)\omega^2(t) \tag{5.10}$$

同理可得

$$\varphi[x'(t)]=a^2(t)\omega^4(t) \tag{5.11}$$

由上两式可以得到调幅调频信号的瞬时幅值和瞬时频率分别为

$$|a(t)|\approx\frac{\varphi[x(t)]}{\sqrt{\varphi[x'(t)]}}\ ,\ \omega(t)\approx\sqrt{\frac{\varphi[x'(t)]}{\varphi[x(t)]}} \tag{5.12}$$

Teager 能量算子解调（TEO）方法能够有效地从一个单分量信号中提取其瞬时幅值和瞬时频率信息，而且得到的瞬时幅值和瞬时频率估计结果也比 HT 更精确。但是，TEO 的不足之处在于，它假设信号的瞬时幅值和瞬时频率是近似常数或是缓慢变化的信号，而这个限制却

不是每一个单分量信号所必须具备的,因此当信号瞬时幅值或瞬时频率变化较大时,TEO 的估计结果会出现较大的偏差,甚至不能使用。

5.2.3 经验包络法(EE)

5.2.3.1 经验调幅调频分解

一般单分量信号 $x(t)$ 未必是形如 $a(t)\cos \varphi(t)\left[a(t)>0,\varphi'(t)>0\right]$ 的形式,而将其写作调幅部分和调频部分的乘积的形式对于求瞬时频率是非常重要的,能量算子解调和反余弦法以及标准希尔伯特变换也都基于此假设,因此有必要研究将任意单分量信号唯一地分解写作调幅和调频部分的乘积形式的一般方法。

Huang 等在文献[129]中提出了一种将单分量信号特别是内禀模态函数分解成调幅部分和调频部分乘积形式的方法,称之为经验调幅调频分解(EAD),详细步骤如下。

(1) 对单分量信号 $x(t)$,确定 $|x(t)|$ 的所有极大值点 (τ_k,x_k)($k=1,2,\cdots,M,M$ 为极值点个数)。这里用 $|x(t)|$ 的包络来代替 $x(t)$ 的包络,是基于 $x(t)$ 关于时间轴的对称性,既可以减少误差,也可以保证标准化后的信号是关于时间轴对称的,同时也保证了包络部分 $a(t)>0$。

(2) 采用三次样条函数拟合所有 (τ_k,x_k),得到信号的经验包络函数 $a_{11}(t)$。

对于一般实信号 $x(t)$ 来说,它的极值点是固定的,因此经验包络函数也是唯一确定的。用得到的经验包络函数对数据进行标准化,即将 $x(t)$ 除以经验包络函数 $a_{11}(t)$,得

$$x_1(t)=\frac{x(t)}{a_{11}(t)} \tag{5.13}$$

(3) $x_1(t)$ 是标准化后的信号,理论上 $x_1(t)$ 的经验包络函数 $a_{12}(t)$ 应该小于等于 1,否则,对 $x_1(t)$ 重复上述步骤 n 次,直到 $a_{1n}(t)\leqslant 1$ 时停止迭代,此时 $x_{1n}(t)$ 为纯调频信号。

$$\begin{cases} x_2(t)=\dfrac{x_1(t)}{a_{12}(t)} \\ \quad\vdots \\ x_n(t)=\dfrac{x_{n-1}(t)}{a_{1n}(t)} \end{cases} \tag{5.14}$$

记纯调频信号 $x_{1n}(t)$ 为 $F(t)$,则存在 $\varphi(t)$($\varphi'(t)>0$),使得

$$F(t)=\cos \varphi(t) \tag{5.15}$$

(4) $x(t)$ 的调幅部分定义为

$$a(t)=\frac{x(t)}{F(t)}=a_{11}(t)a_{12}(t)\cdots a_{1n}(t) \tag{5.16}$$

至此,$x(t)$ 被分解为调幅部分与调频部分乘积的形式。

上述标准化的过程经验化地实现了单分量信号的调幅调频的分解。一般地,上述过程收敛比较快,迭代次数不会太多,一般 2～5 次即可实现数据的标准化。如经验模态分解一样,上述方法只是经验性的分解,并没有解析的表达式和严格的数学证明。另外,分解过程可能会引起原始信号波形的失真,但失真的总和是可以忽略不计的,因为上述过程有过零点周期性地严格控制,而过零点的位置是不变的[129]。

5.2.3.2 经验包络法

由 EAD,任意单分量信号 $x(t)$ 可以近似写作 $x(t)=a(t)F(t)=a(t)\cos \varphi(t)$ 的形式,$F(t)$ 的瞬时频率即为原始信号的瞬时频率,因此,只要求出 $F(t)$ 的瞬时频率即可。由此提出

了如下的经验包络法。

(1) 由 EAD,任意单分量信号 $x(t)$ 可写作 $x(t)=a(t)\cos\varphi(t)$。

(2) 令 $F(t)=\cos\varphi(t)$,并对其两边求导,得

$$F'(t)=-\varphi'(t)\sin\varphi(t) \tag{5.17}$$

由于 $\varphi'(t)=2\pi f(t)$ 一般是线性的,或相对载波部分变化缓慢的函数,因此可视 $\varphi'(t)=2\pi f(t)$ 为 $F'(t)$ 的包络部分。

(3) 对 $F'(t)$ 进行 EAD 分解,得

$$F'(t)=b(t)\cos\varphi(t) \tag{5.18}$$

这里的 $b(t)$ 近似为式(5.15)中的 $\varphi'(t)$,原信号的瞬时频率定义为

$$f(t)=\frac{b(t)}{2\pi} \tag{5.19}$$

经验包络法基于信号的 EAD 分解提出,计算简单方便,不需要复杂的程序和极值点处的特殊处理,只要两次应用 EAD 和一次求导即可。经验包络法的核心是 EAD 分解的效果直接决定了求得的瞬时频率的准确性。这里有个矛盾,为了得到纯调频信号,则需要增加迭代的次数,但由于采用三次样条拟合包络,迭代的次数增加,拟合的误差会增大,求得的瞬时频率误差也会随之增大;如果迭代的次数过少,那么三次样条拟合的误差减小,得到的纯调频信号的个别点仍大于1。试验表明,经验包络法对信号的纯调频程度要求不高,即允许有个别点的值大于1,对结果影响很小。经验包络法流程如图5.1所示。

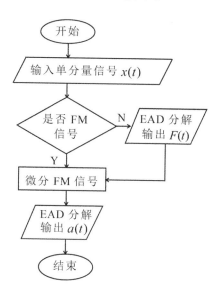

图 5.1　经验包络法流程图

事实上,由 EAD 信号被分解为调幅部分和纯调频部分的乘积,对于纯调频信号 $F(t)=\cos\varphi(t)$,可以采取类似于 LMD 方法中的反余弦法求取瞬时频率,即对 $F(t)=\cos\varphi(t)$ 两边求反余弦,得 $\varphi(t)=\arccos F(t)$,$\varphi(t)$ 相位以 2π 展开,再对其求导得到瞬时频率。基于反余弦法求瞬时频率直接方便,不需要希尔伯特变换,且计算量较小,但反余弦法的缺点是其求得的瞬时频率在信号的极值点处会有不稳定的突变,需要平滑处理;并且对信号的标准化要求较高,如果标准化后的数据有大于1的点,那么在该处反余弦法估计结果会有很大的突刺和误差。

5.2.4 直接正交法(DQ)

为了克服希尔伯特变换的不足,基于信号正交分量的定义,文献[129]还提出了另一种瞬时频率估计方法,称为直接正交法(direct quadrature,DQ)。

对于实信号 $x(t)$,由 EAD,$x(t)$ 可被分解为包络信号 $A(t)$ 与纯调频信号 $F(t)$ 的乘积形式。$A(t)$ 即为 $x(t)$ 的瞬时幅值。定义 $F(t)$ 的正交分量为 $Q(t)$,则

$$
\begin{aligned}
Q(t) &= \sin \varphi(t) \\
&= \begin{cases} \sqrt{1-F^2(t)}, & F'(t) \geqslant 0, \\ -\sqrt{1-F^2(t)}, & F'(t) < 0 \end{cases} \\
&= -\operatorname{sgn}[F'(t)]\sqrt{1-F^2(t)}
\end{aligned}
\tag{5.20}
$$

由此,$x(t)$ 的瞬时相位可定义为

$$
\begin{aligned}
\varphi(t) &= \arctan\left[\frac{\sin \varphi(t)}{\cos \varphi(t)}\right] \\
&= \arctan\left[\frac{\operatorname{sgn}[F'(t)]\sqrt{1-F^2(t)}}{F(t)}\right]
\end{aligned}
\tag{5.21}
$$

将 $\varphi(t)$ 展开后求导,于是得到瞬时频率

$$
f(t) = \frac{1}{2\pi}\frac{\mathrm{d}\varphi(t)}{\mathrm{d}t} = \frac{|F'(t)|}{\sqrt{1-F^2(t)}}, \quad |F(t)| < 1
\tag{5.22}
$$

DQ 方法估计的瞬时频率在 $F(t)$ 的极值点处($|F(t)|=1$)没有定义。Huang 采取的措施是通过采用三次样条对已知部分($|F(t)| < 0.9$)的插值来估计 $0.9 \leqslant |F(t)| \leqslant 1$ 段的瞬时频率[129],这就导致瞬时频率在极值点处出现波动和偏差,而且瞬时频率变化越大波动和误差也就越大。

5.2.5 归一化正交(NQ)

DQ 方法避开了希尔伯特变换,根据三角函数变换关系,定义信号的正交分量,从而可直接估计信号的瞬时频率。DQ 方法提高了瞬时频率估计值的精确性,能够有效地抑制端点效应的产生,但瞬时频率在纯调频信号的极值点处没有定义,而是依据其他已知部分通过三次样条函数插值而得,这导致瞬时频率在极值点处易出现较大的波动和误差。基于此,本节提出了一种新的瞬时频率估计方法——归一化正交(normalized quadrature,NQ)方法,计算过程如下:

对单分量信号 $x(t)$,记其 FM 部分 $F(t)$ 及对应的正交分量 $Q(t)$ 分别为

$$
\begin{cases} F(t) = \cos \varphi(t), \\ Q(t) = \sin \varphi(t) \end{cases}
\tag{5.23}
$$

分别对式(5.23)两边求导,得

$$
\begin{cases} F'(t) = -\varphi'(t)\sin \varphi(t), \\ Q'(t) = \varphi'(t)\cos \varphi(t) \end{cases}
\tag{5.24}
$$

方程两边平方再求和,得

$$
F'^2(t) + Q'^2(t) = \varphi'^2(t)
\tag{5.25}
$$

由于瞬时频率非负,于是可定义为

$$
\varphi'(t) = \sqrt{F'^2(t) + Q'^2(t)}
\tag{5.26}
$$

NQ 与 DQ 方法都是基于信号和其正交分量定义,二者的数学原理相同,但与 DQ 相比,NQ 有如下不同:

（1）NQ 计算过程中避免了分母为零的情况，而且不需要对信号极值点处的频率进行特殊处理；

（2）NQ 中 $F(t)$ 与其正交分量 $Q(t)$ 的位置是对称的，这说明二者的瞬时频率是相同的，与事实相符，而从 DQ 方法中无法得出这一结论。

5.2.6　仿真信号对比分析

下面对几种瞬时频率的估计方法进行对比分析，由于对幅值是常函数的信号，HT 和 NHT 的估计效果是一致的，而对于幅值是缓变函数的信号，NHT 的估计效果要优于 HT，因此，二者之间只选择 NHT；另外文献[129]详细比较了 HT、反余弦方法、能量算子方法、NHT 和 DQ 方法，结果发现，NHT 和 DQ 的估计效果在上述几种方法中瞬时频率估计的整体和局部效果都是最好的，得到的估计值比较稳定和精确。因此，本节考虑将 NHT，DQ，EE 和 NQ 四种方法进行对比。

不失一般地，首先考察式(5.27)所示的单分量信号 $x_1(t)$：
$$x_1(t) = \cos(2\pi 20t), \ t \in [0,1] \tag{5.27}$$
其中，$x_1(t)$ 是幅值和频率都是常函数的单分量信号，瞬时频率 $f = 20$ Hz。分别采用 NHT，DQ，EE 和 NQ 四种方法估计其瞬时频率，结果如图 5.2 所示，四种方法瞬时频率的估计值与真实值的绝对误差如图 5.3 所示。

由图 5.2 和图 5.3 可以看出，NHT 方法估计的瞬时频率有严重的端点效应，且向内部传播，导致估计结果有较大的波动；经验包络法(EE)估计的瞬时频率与真实值非常接近，估计误差也非常小，且没有端点效应；DQ 方法中，已知部分选择 $|F(t)| < 0.9$ 部分的 $F(t)$ 的值，而在 $0.9 \leqslant |F(t)| \leqslant 1$ 部分，瞬时频率的值是通过采用三次样条对 $|F(t)| < 0.9$ 部分瞬时频率的值进行插值而得，而与 $|F(t)|$ 在此区间的取值无关，因此不可避免地会出现波动和误差；NQ 方法估计的瞬时频率由于会出现毛刺，采用滑动平均对其进行处理，得到估计值误差也比较小，但在部分极值点处出现了较小突刺，突刺的峰值非常小，与 DQ 方法的波动幅值相当。因此，从上述两个图可以看出，对于幅值和频率都为常函数的信号，相较于 NHT 和 DQ 方法，本节提出的 EE 和 NQ 方法估计的瞬时频率更为精确。

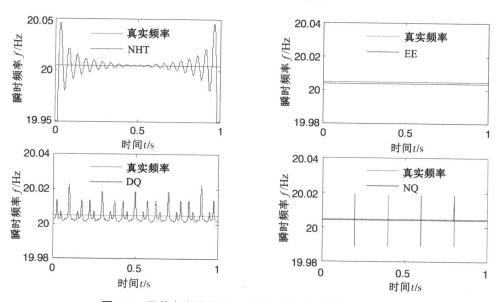

图 5.2　四种方法估计式(5.27)所示仿真信号的瞬时频率

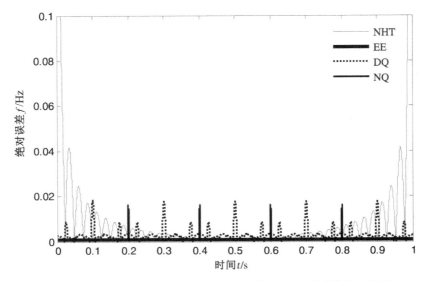

图 5.3　四种方法估计式(5.27)信号的瞬时频率与真实值的绝对误差

上例单分量信号是幅值和频率都为常函数的信号,不失一般地,再考察式(5.28)所示的单分量信号 $x_2(t)$:

$$x_2(t) = [1+0.5\sin(2\pi 3t)]\cos(2\pi 50t + 2\pi 2t^2)\, , \, t \in [0,1] \tag{5.28}$$

$x_2(t)$ 是调幅调频、瞬时频率为线性函数 $f = 50+4t$ 的单分量信号。分别采用 NHT,DQ,EE 和 NQ 四种方法估计其瞬时频率,结果如图 5.4 所示,其中四种方法的估计值与真实值的绝对误差如图 5.5 所示。

由图 5.4 和图 5.5 可以看出,NHT 方法估计的瞬时频率仍有严重的端点效应,端点误差

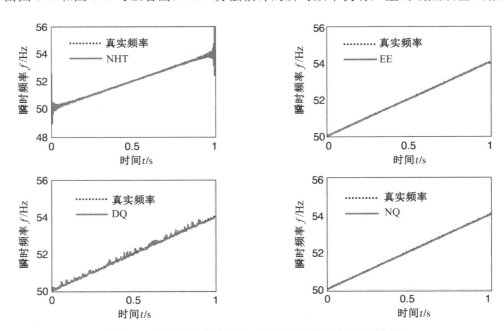

图 5.4　四种方法估计式(5.28)所示仿真信号的瞬时频率

较大；DQ 方法估计的瞬时频率出现了轻微的波动和误差；EE 和 NQ 方法估计的瞬时频率与真实值非常接近，估计绝对误差的水平也非常小。因此，对于瞬时频率是线性函数的信号，EE 和 NQ 方法估计的瞬时频率要比 NHT 和 DQ 估计的结果更为精确。

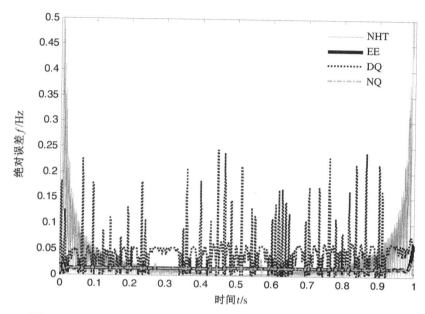

图 5.5　四种方法估计式(5.28)所示信号瞬时频率与真实值的绝对误差

上例单分量信号是瞬时频率为线性函数 $f=50+4t$ 的单分量信号，再考察式(5.29)所示的瞬时频率非常函数也非线性函数的单分量信号 $x_3(t)$：

$$x_3(t)=\cos\left[2\pi50t+\cos\left(2\pi5t\right)\right]，\quad t=0：1/4096：1 \tag{5.29}$$

采用 NHT，DQ，EE 和 NQ 四种方法估计信号 $x_3(t)$ 的瞬时频率，结果如图 5.6 所示。其中，四种方法的估计值与真实值的绝对误差如图 5.7 所示。由图 5.6 可以看出，四种方法的估计结果都与真实值比较接近。但从图 5.7 的绝对误差比较中易发现，NHT 和 EE 都出现了端点效应，其中 NHT 的端点效应最明显，由 HT 的能量泄漏引起，而 EE 的端点效应则是由三次样条的拟合引起，DQ 和 NQ 几乎没有端点效应；由误差的幅值上看，NQ 和 DQ 在多处时间段误差幅值较大，分别达到 0.2 和 0.3，而 NHT 和 EE 的误差幅值较小，在大部分时间上都在 0.05 以下，EE 方法的误差幅值最小，因此也最接近真实瞬时频率。

以上三个信号的例子初步表明，对于部分单分量信号，本章提出的 NQ 和 EE 方法在抑制 NHT 端点效应和精确性方面，有一定的优越性。

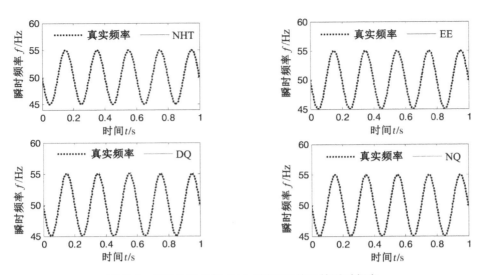

图 5.6　四种方法估计式(5.29)所示信号的瞬时频率

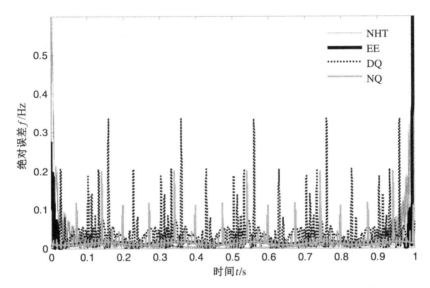

图 5.7　四种方法估计式(5.29)所示信号瞬时频率与真实值的绝对误差

5.3　基于 LCD 的经验包络解调在机械故障诊断中的应用

当机械设备发生故障时,系统振动信号一般是非平稳、非线性信号,由于时频分析方法能同时提供非平稳信号在时域和频域的局部化信息而得到了广泛的应用。常用的时频分析方法如小波分析和 Hilbert-Huang 变换等。小波变换由于其严格的数学基础和较好的时频聚焦能力,而在工程上得到了广泛的应用。但小波变换需要事先选择小波基和分解的层数,缺乏自适应性。Hilbert-Huang 变换方法(HHT)包含两部分,经验模态分解(EMD)和希尔伯特变换(HT),EMD 能自适应地将一个复杂信号分解为若干个内禀模态函数(IMF)之和,再对得到的每个 IMF 分量进行 HT,得到瞬时幅值和瞬时频率,从而得到原始信号完整的时频信息。

HHT方法自提出后,在水波研究、地震信号分析、语音处理以及机械设备故障诊断等很多领域都得到了应用。但它也存在许多问题,如在使用过程中会产生过包络、欠包络、频率混淆、端点效应,以及由HT产生的端点效应和负频率等。

当滚动轴承和齿轮发生故障时,其振动信号是多分量的调制信号,对调制故障振动信号进行解调是一种有效的诊断方法,由于直接对原始信号解调会受到噪声和背景干扰的影响,因此,本文提出的基于LCD的经验包络解调方法如下:首先,采用LCD对振动信号进行分解,得到若干个瞬时频率具有物理意义的相互独立的若干个ISC分量和一个趋势项之和;其次,采用EE对每个分量进行解调,即首先采用经验调幅调频分解将每个ISC分量分解为包络信号和纯调频信号的乘积,其中包络信号即为信号的瞬时幅值,在纯调频信号中估计信号的瞬时频率;最后,对各个分量的瞬时特征进行分析,从中提取滚动轴承和齿轮故障振动信号的特征。

由于本书第2章第4节部分和本章第2节部分,分别将LCD与EMD、EE与HT(NHT)进行了对比,结果表明:相对于EMD,LCD在迭代时间、抑制端点效应和模态混叠方面,相对于HT(NHT),EE在抑制端点效应和估计精确性等方面有一定的优越性,针对滚动轴承和齿轮故障振动信号的调制特点,本节将提出的基于LCD的经验包络解调方法应用于滚动轴承和齿轮故障诊断。

5.3.1 滚动轴承试验数据分析

将提出的方法应用于试验数据分析。试验滚动轴承类型为6311型,通过激光切割在内圈和外圈上开槽设置故障,槽宽为0.15 mm,槽深为0.13 mm,通过安装在轴承座上的加速度传感器拾取振动信号,采样频率4 096 Hz,转速1 500 r/min,采样点数为1 024。经计算,外圈故障特征频率为$f_0 = 76$ Hz,具有外圈故障滚动轴承的振动加速度信号时域波形如图5.8所示。

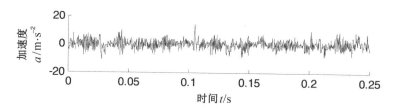

图5.8　具有外圈故障轴承振动加速度信号时域波形

对图5.8所示的具有外圈故障轴承的振动加速度信号分别进行EMD和LCD分解,分别得到10个和12个分量。由于篇幅关系只画出前五个分量,分解得到的前五个分量波形分别如图5.9(a)和(b)所示。

从图5.9(a)和(b)中可以看出,EMD和LCD分量的在波形上无明显区别,不易发现故障。对上述分解结果的第一个分量的瞬时幅值进行包络谱分析,图5.10(a)是EMD第一个分量C_1的瞬时幅值进行HT解调得到的幅值谱;图5.10(b)是LCD第一个分量I_1经验包络解调得到的幅值谱。

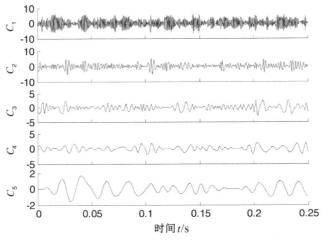

（a）外圈故障轴承振动信号 EMD 分解的前五个分量

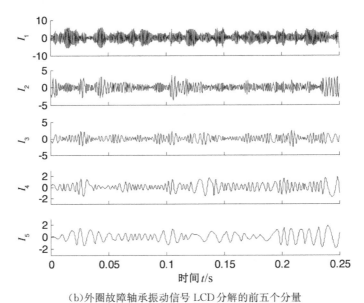

（b）外圈故障轴承振动信号 LCD 分解的前五个分量

图 5.9　外圈故障轴承振动信号的 EMD 和 LCD 分解结果的前五个分量

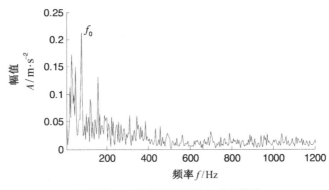

（a）Hilbert 变换得到的分量 C_1 的幅值谱

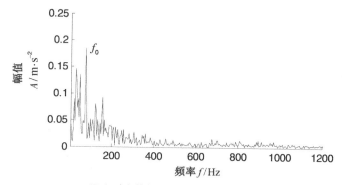

（b）经验包络得到的分量 I_1 的幅值谱

图 5.10　外圈故障轴承振动信号的 EMD 和 LCD 第一个分量的幅值谱

从图 5.10 中可以看出，希尔伯特变换方法和本节方法得到的幅值谱中的特征频率都比较明显，与故障特征频率吻合，两种方法都能够应用于机械故障诊断。但希尔伯特变换方法求得的幅值谱，其他频段谱线的干扰较大，而本节方法求得特征频率处谱线明显，其他频段谱线干扰较小，而且高频能量泄漏要比希尔伯特变换小，因此上述分析表明本节提出的方法有一定的优越性。

图 5.11 是具有内圈故障的滚动轴承振动加速度信号的时域波形，采样频率为 4 096 Hz，转速为 1 200 r/min，采样点数为 1 024。经计算，故障特征频率为 $f_i = 99.2$ Hz。

对上述具有内圈故障的轴承振动加速度信号进行 LCD 分解，分解得到的前 5 个分量如图 5.12 所示。上文已表明 LCD 和经验包络解调方法对具有外圈故障轴承的诊断有很好的效果，限于篇幅，对内圈故障诊断不再与 HHT 比较。

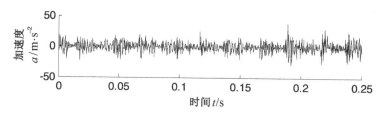

图 5.11　具有内圈故障轴承振动信号时域波形

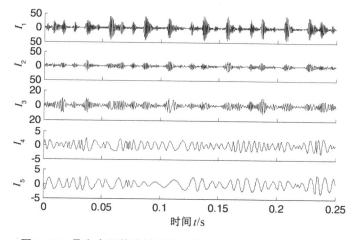

图 5.12　具有内圈故障轴承振动信号 LCD 分解的前五个分量

对 LCD 分解得到的第一个分量经验包络解调,得到第一个分量的瞬时幅值,并对其进行频谱分析,结果如图 5.13 所示。由图 5.13 可以看出,故障频率 $f_i = 99.2$ Hz 及其倍频处有明显的谱线。

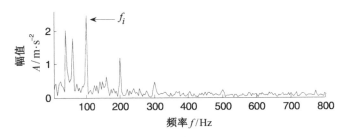

图 5.13　经验包络法解调得到的 LCD 的第一个分量幅值谱

5.3.2　齿轮试验数据分析

上文将提出的基于 LCD 的经验包络解调方法应用于滚动轴承故障诊断,结果验证了该方法与希尔伯特变换有相同甚至更优秀的分析能力。现考虑将提出的方法应用于齿轮的故障诊断。如图 5.14 是一具有裂纹齿轮的振动加速度信号,采样频率为 2 048 Hz,采样点数 1 024,转频 $f_r = 12$ Hz。首先,采用 LCD 对齿轮的振动信号进行分解,再对得到的第一个 ISC 分量用经验包络法提取瞬时幅值,并对其进行频谱分析,得到幅值谱如图 5.15 所示。图中有明显的转频谱线,说明齿轮出现了局部故障,与实际相符。

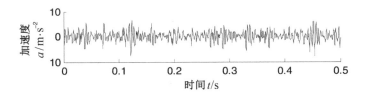

图 5.14　具有裂纹故障的齿轮振动加速度信号时域波形

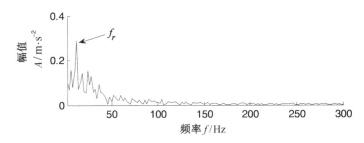

图 5.15　经验包络解调得到的第一个分量幅值谱

由上述分析可以看出,基于局部特征尺度分解的经验包络解调方法能够有效地提取机械故障的特征信息,是一种有效的机械故障诊断方法。针对滚动轴承和齿轮故障振动信号的调制特点,将基于 LCD 的经验包络解调分析方法应用于滚动轴承和齿轮的局部故障诊断,通过试验数据分析结果验证了该解调方法的有效性。

5.4 基于 GEMD 与归一化正交解调方法在故障诊断中的应用

如前所述,振动信号解调分析是机械故障诊断的一个重要方法,希尔伯特-黄变换(HHT)方法首先通过经验模态分解(EMD)对振动信号进行分解,得到若干个相互独立的内禀模态函数(IMF)和一个趋势项之和,再通过希尔伯特变换(HT)对得到的 IMF 分量进行解调,从而得到机械故障的特征信息。HHT 因其分解的自适应性和解调的精确性而在机械故障诊断中得到了广泛的应用。但是,HHT 方法也存在很多问题,如 EMD 有严重的端点效应、模态混叠以及由三次样条拟合引起的过包络和欠包络误差等,HT 有严重的端点效应以及会产生无法解释的负频率等。综合 EMD,LCD 和局域波分解等这类方法的筛分特点,同时依据不同均值曲线定义方式,本书第 3 章第 3 节部分提出了一种新的信号分解方法——广义经验模态分解(GEMD),同时结合归一化正交,与 HHT 平行地,提出了一种基于 GEMD 的归一化正交解调方法。

由本章第 2 节知,NQ 方法的前提是输入信号是纯调频信号,因此,EAD 得到的纯调频信号的精确性直接影响到瞬时幅值和瞬时频率的估计。研究发现,EAD 还存在如下问题:

(1)由于 EAD 采用三次样条拟合信号绝对值的极大值,且需要经过多次迭代来实现标准化,因此,如果端点不做处理或处理不当,那么迭代次数会增加,增大拟合误差,甚至无法实现标准化;

(2)对于某些信号尤其是实际信号,EAD 得到的纯调频信号可能存在骑波,且在后续迭代中难以消除。基于此,本节提出了改进的经验调幅调频分解(improved empirical AM-FM decomposition,IEAD)方法。

5.4.1 改进的经验调幅调频分解(IEAD)

IEAD 步骤如下:

(1)对于单分量信号 $s(t)$,确定 $|s(t)|$ 的所有极大值点 (t_k, s_k),$k = 1, 2, \cdots, M$,并在数据两端延拓出新的极值点:

$$
\begin{cases} t_0 = 0, \\ s_0 = s_3 - \dfrac{s_2 - s_1}{t_2 - t_1}(t_3 - t_0) \end{cases} \text{和} \begin{cases} t_{M+1} = T, \\ s_{M+1} = \dfrac{s_M - s_{M-1}}{t_M - t_{M-1}}(t_{M+1} - t_{M-2}) + s_{M-2} \end{cases} \tag{5.30}
$$

其中,T 是信号的时间长度。

(2)采用三次样条拟合所有极值点,得到的包络函数记为 $a_{11}(t)$,则 $s(t)$ 可通过 $a_{11}(t)$ 实现标准化,即 $s_1(t) = s(t)/a_{11}(t)$。

(3)检查 $s_1(t)$ 是否存在骑波,若存在骑波 C_i[由极值点 (t_i, s_i) 与 (t_{i+1}, s_{i+1}) 和它们之间的信号构成],则关于极值点的连线将 C_i 翻折,得到数据仍记为 $s_1(t)$,若 $s_1(t)$ 不是纯调频信号,重复上述过程 n 次:

$$
s_2(t) = \frac{s_1(t)}{a_{12}(t)}, \cdots, s_n(t) = \frac{s_{n-1}(t)}{a_{1n}(t)} \tag{5.31}
$$

直到 $s_n(t)$ 是一个 FM 信号,记为 $F(t)$,则存在 $\theta(t)$,$F(t) = \cos\theta(t)$,$\theta'(t) > 0$。

(4)信号的瞬时幅值定义为

$$
A(t) = \frac{s(t)}{F(t)} = a_{11}(t)a_{12}(t)\cdots a_{1n}(t) \tag{5.32}
$$

因此，$s(t)$ 被分解为调幅部分和纯调频部分乘积，即

$$s(t) = A(t) \cdot F(t) = A(t) \cdot \cos \theta(t) \tag{5.33}$$

IEAD 经验化地实现了单分量信号调幅与调频部分的分离，调幅部分即为信号的瞬时幅值，而信号的瞬时相位和瞬时频率则可从调频部分求出。

由 IEAD 单分量信号 $x(t)$ 可被分解为包络信号 $A(t)$ 与纯调频信号 $F(t) = \cos \theta(t)$ 的乘积，$A(t)$ 即为 $x(t)$ 的瞬时幅值，再采用 NQ 方法即可估计信号的瞬时频率。

本小节提出的基于 GEMD 和 NQ 的方法包含两部分：①采用 GEMD 对信号进行分解，得到若干 GIMF 分量和一个趋势项之和；②对每个 GIMF 分量进行 IEAD-NQ 解调，即首先采用 IEAD 得到瞬时幅值，再采用 IDQ 估计瞬时频率。通过仿真信号将本节提出方法与 HHT 进行了对比，再将其应用于机械故障振动信号的分析。

5.4.2 仿真信号分析

为了说明 GEMD 和 IEAD-NQ 的优越性，首先考察式(5.34)所示的仿真信号：

$$x(t) = x_1(t) + x_2(t) + x_3(t) \, , \, t \in [0,1] \tag{5.34}$$

其中，$x_1(t) = 3(t+1)\cos(2\pi 50t + 2\pi 5t^2)$，$x_2(t) = \mathrm{e}^{-t}\cos(2\pi 28t)$，$x_3(t) = 2t^2$。$x(t)$ 由调幅调频信号、调幅信号和一个多项式趋势项叠加而成，各分量和混合信号的时域波形如图 5.16 所示。

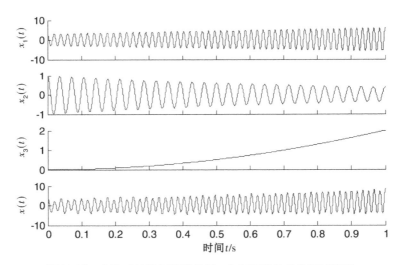

图 5.16　式(5.34)所示仿真信号 $x(t)$ 及其各成分时域波形

分别采用 EMD 和 GEMD 对 $x(t)$ 进行分解，结果分别如图 5.17 和图 5.18 所示。图 5.17 中，c_1 和 c_2 表示 EMD 的第 1 和第 2 个 IMF，r_2 表示对应剩余项；图 5.18 中，G_1 和 G_2 表示 GEMD 的第 1 和第 2 个 GIMF，r_2 表示对应剩余项。

由图 5.17 和图 5.18 可以看出，EMD 和 GEMD 都能够有效地将三个单分量成分从混合信号中分离，从波形上看，二者的分解效果都比较好，无明显差别。为了比较分解效果，图 5.19 给出了两种分解结果与真实分量的绝对误差，即分解得到的分量与对应真实分量之差的绝对值，图中实线表示由 GEMD 得到的 GIMF 与真实分量的误差，虚线表示由 EMD 得到的 IMF 分量与真实分量的误差，Error_i 表示第 i 个分量与对应真实值 $x_i(t)$ 的绝对误差。由图 5.19 可明显看出，由 EMD 得到的 IMF 分量 c_1 和 c_2 与对应真实分量 $x_1(t)$ 和 $x_2(t)$ 的绝对误

差较大,远大于由 GEMD 得到的 GIMF 分量 G_1 和 G_2 与对应真实分量 $x_1(t)$ 和 $x_2(t)$ 的绝对误差。不仅如此,由 EMD 分解得到的趋势项 r_2 也与真实分量 $x_3(t)$ 的绝对误差较大,大于由 GEMD 得到的趋势项与 $x_3(t)$ 的绝对误差,且有较严重的端点效应。此例表明,与 EMD 相比,GEMD 有更好的精确性,得到的分量与真实分量更吻合。

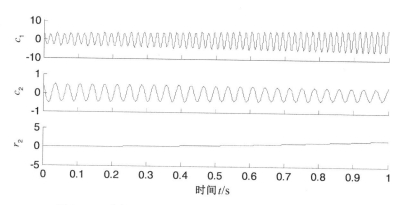

图 5.17　式(5.34)所示仿真信号 $x(t)$ 的 EMD 分解结果

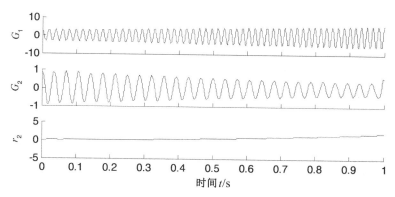

图 5.18　式(5.34)所示仿真信号 $x(t)$ 的 GEMD 分解结果

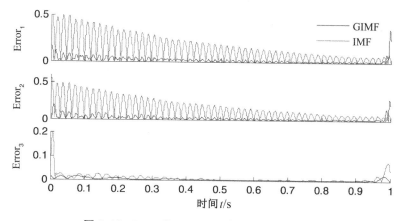

图 5.19　EMD 和 GEMD 两个分量的绝对误差

为了说明 IEAD-NQ 方法解调的优越性,分别采用 HT 与 IEAD 方法估计 $x_1(t)$ 和 $x_2(t)$

瞬时幅值,采用 NQ 和 NHT 方法估计它们的瞬时频率,估计结果如图 5.20(a)和图 5.20(b)所示,其中,估计值与真实值的绝对误差分别如图 5.21(a)和图 5.21(b)所示。由图 5.20(a)和图 5.20(b)可以发现,由 HT 和 IEAD 估计得到的瞬时幅值二者无明显差别,但由 HT 估计的瞬时幅值有明显的端点效应;由图 5.21(a)和图 5.21(b)可以看出,NHT 估计得到的瞬时频率有严重的端点效应,且"污染"向信号内部传播,而 NQ 方法相对端点效应较小,瞬时频率较为平滑,与真实值绝对误差也较小。

综上,与 HHT 相比,基于 GEMD 和 IEAD-NQ 的解调方法在信号分解和解调的精确性等方面都有很大的提高,是一种有效信号解调方法。

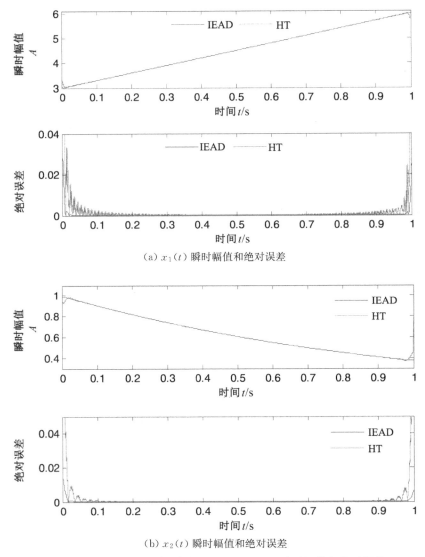

(a) $x_1(t)$ 瞬时幅值和绝对误差

(b) $x_2(t)$ 瞬时幅值和绝对误差

图 5.20 HT 和 IEAD 估计的 $x_1(t)$ 和 $x_2(t)$ 瞬时幅值和绝对误差

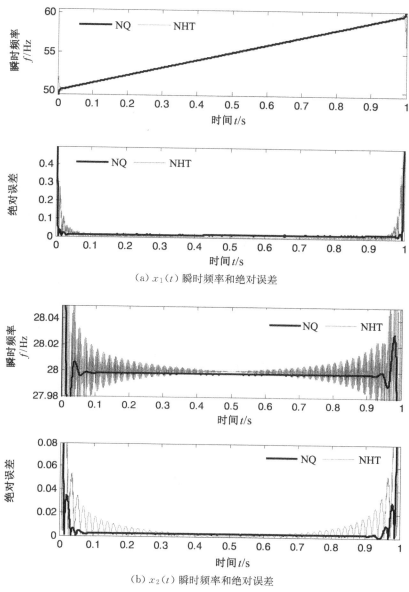

（a）$x_1(t)$ 瞬时频率和绝对误差

（b）$x_2(t)$ 瞬时频率和绝对误差

图 5.21 NQ 和 NHT 估计的 $x_1(t)$ 与 $x_2(t)$ 瞬时频率和绝对误差

5.4.3 试验信号分析

为了进一步说明本节提出的方法的优越性和实用性，我们将其应用于具有局部单点故障的滚动轴承振动信号分析。试验数据采用美国凯斯西储大学公开的轴承数据[146]，采用电火花技术对不同试验轴承设置大小 0.177 8 mm，深度 0.279 4 mm 的单点故障。本节采用数据是在转速为 1 797 r/min，负载为 0 HP，采样频率为 12 kHz 的条件下采集得到的具有外圈和内圈故障的振动加速度信号。经计算，转频 $f_r \approx 30$ Hz，外圈故障特征频率 $f_o \approx 107.4$ Hz，内圈故障特征频率 $f_i \approx 162.2$ Hz。具有外圈和内圈故障轴承振动信号时域波形如图 5.22（a）和（b）所示。

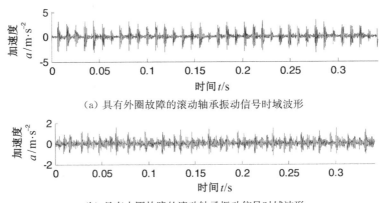

(a) 具有外圈故障的滚动轴承振动信号时域波形

(b) 具有内圈故障的滚动轴承振动信号时域波形

图 5.22　具有外圈和内圈故障的滚动轴承振动信号时域波形

由于背景噪声等的干扰,从时域波形上不易区分是外圈故障还是内圈故障。采用本节提出的解调方法对其进行分析。

首先,采用 GEMD 对图 5.22(a)所示的具有外圈故障的滚动轴承振动信号进行分解,结果如图 5.23 所示。再对得到的 GIMF 分量进行基于 IEAD 的包络谱分析,为了便于下文比较,前五个 GIMF 分量的包络谱如图 5.24 所示。从包络谱中可以明显地看出,前几个高频 GIMF 分量被外圈故障特征频率 f_o 所调制,因此,可以诊断为外圈故障。

为了与 HHT 比较,采用 EMD 对上述信号进行分解,再采用 HT 对其前五个 IMF 进行包络谱分析,结果如图 5.25 所示。由图 5.25 可以看出,虽然从包络谱中也能识别故障类型,但是,仔细比较图 5.24 和图 5.25 易发现,两种方法前三个分量的包络谱都无明显差别,第四个 GIMF 和第五个 GIMF 分量包络谱中仍包含有故障特征频率和转频信息,而第四个 IMF 和第五个 IMF 分量包络谱中包含的信息则比较混乱。因此,比较而言,本节提出的 GEMD 方法具有一定的优越性。

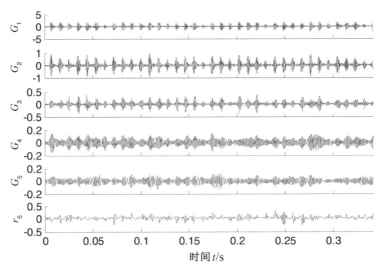

图 5.23　具有外圈故障的轴承振动信号 GEMD 分解结果

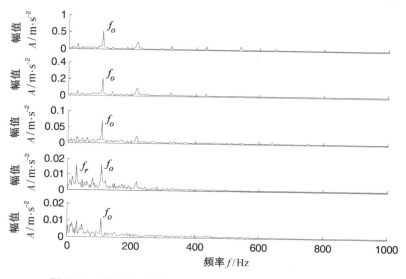

图 5.24　从上到下依次为图 5.23 中前五个 GIMF 的包络谱

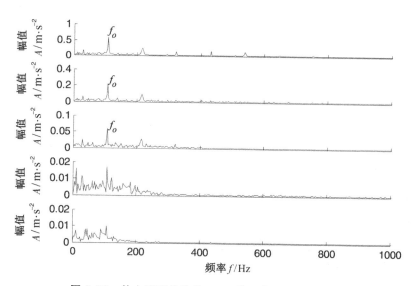

图 5.25　从上到下依次为 EMD 前五个 IMF 的包络谱

　　其次,再采用 GEMD 对图 5.22(b)所示的具有内圈故障轴承的振动信号进行分解,结果如图 5.26 所示。再对得到的 GIMF 进行基于 IEAD 的包络谱分析,前两个 GIMF 分量的包络谱如图 5.27 所示。从中可以看出,两个 GIMF 分量皆被内圈故障特征频率 f_i 所调制,因此,可以诊断为内圈故障。

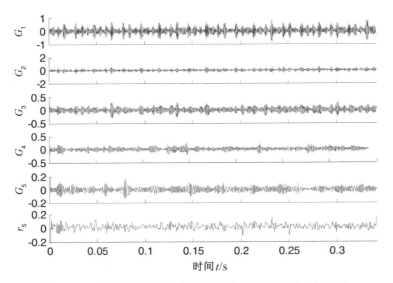

图 5.26　具有内圈故障的轴承振动信号的 GEMD 分解结果

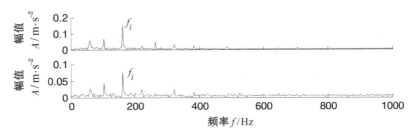

图 5.27　图 5.26 前两个 GIMF 分量的包络谱

　　上述分析表明,本节提出的基于 GMED 的 IEAD-NQ 解调方法不仅能够有效地诊断滚动轴承局部故障,而且与原 HHT 相比,GEMD 分解的精确性更高,更接近真实值。与 HT 解调相比,基于 IEAD-NQ 的解调方法估计的信号的瞬时特征更为精确,而且 HT 的端点效应也得到了有效的抑制,因此,仿真和试验信号分析结果表明,基于 GMED 的 IEAD-NQ 解调方法是一种有效的振动信号解调和故障诊断方法。

第 6 章　基于 LCD 和熵理论的旋转机械故障振动信号特征提取方法

6.1　引言

机械系统的振动信号一般是非线性和非平稳信号,因此,对机械系统进行状态监测和故障诊断的关键是如何从这些非线性和非平稳信号中提取敏感特征信息。随着非线性科学相关理论的发展,很多非线性动力学中的理论和方法已被广泛地应用于机械设备故障诊断领域[147-154],这些方法的引入极大地丰富了故障分析与诊断的技术和手段[151,155-169]。

当机械系统发生故障时,系统的动力学行为会发生变化,表现为非线性和复杂性的变化。在非线性动力学分析方法中,常用的描述系统复杂性的特征参数主要包括有分形维数、李雅普诺夫指数和 K-S 熵等[170-172]。但这类非线性动力学方法都是通过相空间的重构来描述系统特性,依据相空间距离计算的动力学参数要求系统的吸引子是稳定的,目前的计算算法都要求有足够的数据长度,而对机械振动信号而言,大部分信号是非线性和非平稳的,而且样本长度一般也是有限的,数据稳态性和数据长度都很难得到满足[173],不仅如此,大部分机械振动信号一般都是通过在机械设备表面安装传感器采集,因此,不可避免地会包含有较大的噪声和背景干扰,这使得采用非线性动力学参数的方法处理机械振动信号有很大的困难,这也使得我们有必要研究新的适合处理包含噪声的短数据的动力学参数处理方法。

本章回顾了熵和复杂性理论,详细研究了样本熵、多尺度熵、模糊熵、多尺度模糊熵、排列熵和多尺度排列熵等衡量时间序列复杂性和随机性的方法,并将它们应用于机械设备振动信号的复杂性分析,提出了若干种机械故障诊断方法。

6.2　熵与复杂性理论

信息熵由香农最早提出,也称香农(Shannon)熵,如果某事件具有 n 种独立可能状态,$X_1, X_2, \cdots, X_n$,且每一结果出现的概率为 $p_1, p_2, \cdots, p_n$,$\sum_{i=1}^{n} p_i = 1$,那么事件所具有的不确定性程度,也就是信息熵,定义为 $H = -\sum_{i=1}^{n} p_i \ln p_i$。信息熵概念的建立,为测度信息建立了一个统一的科学计量方法,奠定了信息论的基础。

K-S 熵,也称 Kolmogorov 熵,最早由 Kolmogorov 于 1958 年提出,是对信息熵概念的进一步精确化,用来刻画系统的复杂性[174]。在随机运动系统中,K-S 熵是无界的;在规则运动系统中,K-S 熵为零;在混沌运动系统中,K-S 熵大于零,K-S 熵越大,信息的损失速率越大,系统的混沌程度越大,即系统越复杂。尽管 K-S 熵在判断真正的动力学系统时比较有效,但 K-S 熵是数学意义的,在应用于一般的模型时其结论常易引起混淆。由于实测的信号往往都带有一定的噪声,因而 K-S 熵将趋于无穷大。但是,任何实测的带噪信号的熵只能是有限的,理想白噪声是不存在的,这就出现了矛盾。因此无法根据 K-S 熵的计算结果对系统的性质作出正确判断,而且 K-S 熵的计算要求所分析的数据无限长或足够长,而在实际计算中 K-S 熵很难直接计算得到[173]。

1991 年,Pincus 提出了一种新的衡量系统复杂性程度的方法——近似熵(Approximate Entropy,ApEn)[175,176]。ApEn 的构造方法类似于 K-S 熵,其定义基于:如果描述两个系统的重构空间具有不同的联合概率分布,那么在一个固定划分内,其边缘概率密度分布也可能是不同的,而边缘概率密度分布可通过条件概率得出。据此,Pincus 定义 ApEn 为相似向量在由 m 维增加至 $m+1$ 维时继续保持其相似性的条件概率,以描述一个时间序列在其演化过程中出现新的模式的概率大小,进而度量该时间序列的复杂性。近似熵的概念自提出后,很快被用于各种带噪短数据信号的分析处理,在生命科学研究领域,近似熵已广泛应用于心率变异、心电信号、脑电信号及肌电信号等各种生理和临床信号的分析[175-183]。与 K-S 熵等非线性动力学参数相比,近似熵具有以下优点:① 只需较短的数据就能得出比较稳健的估计值;② 有较好的抗噪和抗干扰能力,特别是对偶尔产生的瞬态强干扰有较好的承受能力;③ 对确定性信号和随机信号都适用,也可以用于由随机成分和确定性成分组成的混合信号,当两者混合比例不同时,混合信号近似熵值也不同。

尽管近似熵优于很多常用的非线性动力学参数,但统计值是一个有偏的估计值,原因在于 ApEn 的计算中计入了自身模板的匹配。为了避免由计入向量的自身匹配而引起的有偏性,Richman 和 Moorman 于 2000 年提出了另一个改进的系统复杂度度量方法,称之为样本熵(sample entropy,SampEn)[183]。SampEn 与 ApEn 的一个最重要区别之处在于不计及向量的自身匹配,与 ApEn 相比,SampEn 不仅对数据长度的依赖性更小,同时还拥有更好的相对一致性。与 Lyapunov 指数、K-S 熵、关联维数等其他非线性动力学方法相比,样本熵具有所需的数据短、抗噪和抗干扰能力强、在参数大取值范围内一致性好等特点[184]。

无论是在近似熵还是在样本熵的定义中,两个向量的相似性都是基于单位阶跃函数而定义的,单位阶跃函数具备二态分类器的性质,若输入样本满足一定特性,则被判定属于一给定类,否则属于另一类。而在现实世界中,各个类别之间的边缘往往较模糊,很难确定输入样本是否完全属于其中一类。陈伟婷等通过对样本熵进行改进,提出了模糊熵的概念[173,185-186]。模糊熵和样本熵都是衡量时间序列复杂度和维数变化时产生新模式的概率的大小的方法。序列产生新模式的概率越大,则序列的复杂度越大,熵值越大。模糊熵不仅具备了样本熵的特点:独立于数据长度(计算所需数据短)和保持相对一致性,而且还有更优越于样本熵之处:① 样本熵中两个向量的相似度定义是基于单位阶跃函数,突变性较大,熵值缺乏连续性,对阈值取值非常敏感,阈值的微弱变化就可能导致样本熵值的突变。而模糊熵用指数函数模糊化相似性度量公式,使得模糊熵值随参数变化而连续平滑变化。② 在近似熵和样本熵的定义中,向量的相似性由数据的绝对值差决定,当采用数据存在轻微波动或基线漂移时,则不能得到正确的分析结果。模糊熵则通过均值运算,除去了基线漂移的影响,且向量的相似性不再由绝对幅值差确定,而由指数函数确定的模糊函数形状决定,从而将相似性度量模糊化[173,187]。

排列熵(permutation entropy,PE)是由 Bandt 和 Pompe 提出的一种检测时间序列随机性和动力学突变行为的方法,具有计算简单快速,抗噪能力强,且得到较稳定的系统特征值所需时间序列短以及适合在线监测等优点,在肌电和脑电信号分析、心率异常检测、癫痫脑电图分析和机械故障检测等方面都取得了良好的应用效果[125-127,153,188-192]。

然而，上述的样本熵、模糊熵和排列熵等刻画的都是时间序列在单一尺度上的复杂性程度或规则性程度。但是研究表明，时间序列的复杂性和熵值的大小并没有绝对的对应关系，传统的基于熵的算法衡量时间序列的规律性(有序性)，随着无序程度的增加熵值也增加，且当序列是完全随机系统时到达最大值。但是，熵值的增加并不意味着动力学复杂性增加。例如，一个随机化后的时间序列熵值要比原时间序列熵值高，尽管产生数据替代的过程破坏了原始序列的相关性，降低了原时间序列的信息，$1/f$ 噪声的熵值比白噪声小，但这并不意味着白噪声比 $1/f$ 噪声复杂，有些时间序列不仅在单一尺度上包含了系统丰富的信息，而且在其他多个尺度上也包含系统重要的隐藏信息。因此，只考虑单一尺度上的熵值是完全不够的，有必要考虑时间序列在其他尺度上的信息[193-197]。

基于上述考虑，Costa 等在样本熵的基础上，引入尺度因子，提出了多尺度熵(multi-scale entropy，MSE)的概念[193,194,196]，MSE 定义为时间序列在不同尺度因子下的样本熵。MSE 曲线反映了时间序列在嵌入维数 m 变化时产生新模式的能力。一般地，如果一个序列的熵值在大部分尺度上都比另一个序列的熵值高，那么就认为前者比后者复杂性更高[197]。针对多尺度熵的定义中样本熵计算存在的缺陷，同时结合模糊熵的优势，本书作者发展了多尺度模糊熵(multi-scale fuzzy entropy，MFE)的概念。类似地，Aziz 等在排列熵的基础上进一步发展了多尺度排列熵(multi-scale permutation entropy，MPE)的概念，用于衡量时间序列在不同尺度下的随机性和动力学突变行为，并通过分析生理信号将其与 MSE 进行了对比，结果表明：相对于 MSE，MPE 具有更好的鲁棒性。

6.3 样本熵与多尺度熵

6.3.1 样本熵的定义

样本熵计算过程简述如下[183,185]。

(1)假设原始数据为 $\{X_i\} = \{x_1, x_2, \cdots, x_N\}$，长度为 N，预先给定嵌入维数 m 和相似容限 r，依据原始信号重构 m 维模板向量：

$$X(i) = [x_i, x_{i+1}, \cdots, x_{i+m-1}], \quad i = 1, 2, \cdots, N-m \tag{6.1}$$

(2)定义 $x(i)$ 与 $x(j)$ 间的距离 $d[x(i), x(j)]$ 为两者对应元素差值的最大值，即

$$d[x(i), x(j)] = \max_{k=0,1,\cdots,m-1} [|x(i+k) - x(j+k)|] \tag{6.2}$$

(3)对每个 i 值，计算 $x(i)$ 与其余矢量 $x(j)$($j = 1, 2, \cdots, N-m, j \neq i$)间的距离 $d[x(i), x(j)]$。统计 $d[x(i), x(j)]$ 小于 r 的数目及此数目与距离总数 $N-m-1$ 的比值。记作 $B_i^m(r)$，即

$$B_i^m(r) = \frac{1}{N-m-1} \{d[x(i), x(j)] < r \text{ 的数目}\}, \quad i = 1, 2, \cdots, N-m, i \neq j \tag{6.3}$$

(4)再求 $B_i^m(r)$ 的平均值：

$$B^m(r) = \frac{1}{N-m} \sum_{i=1}^{N-m} B_i^m(r) \tag{6.4}$$

(5)对维数 m，重复上述(1)~(4)，得 $B_i^{m+1}(r)$，进而得到 $B^{m+1}(r)$。

(6)理论上，原始序列的样本熵为

$$\text{SampEn}(m, r) = \lim_{N \to \infty} \left[-\ln \frac{B^{m+1}(r)}{B^m(r)} \right] \tag{6.5}$$

当 N 为有限数时,上式表示成

$$\text{SampEn}(m,r,N) = \left[-\ln\frac{B^{m+1}(r)}{B^m(r)}\right] = \ln B^m(r) - \ln B^{m+1}(r) \tag{6.6}$$

6.3.2　参数的选取

$\text{SampEn}(m,r,N)$ 的值与嵌入维数 m,相似容限 r 和数据长度 N 都有关[183,185]。

(1)嵌入维数 m。一般取嵌入维数 $m=2$,因为 m 越大,在序列的联合概率进行动态重构时,会有越多的详细信息。但 m 越大需要的数据长度就更长(N 取 $10^m \sim 30^m$)。因此综合考虑,$m=2$。

(2)相似容限 r 的选取。由于 r 过大,会丢失掉很多统计信息;r 过小,估计出的统计特性的效果不理想,而且会增加对结果噪声的敏感性。因此一般 r 取 $0.1\text{SD} \sim 0.25\text{SD}$(SD 是原始数据的标准差)。本文取 $r=0.15\text{SD}$。

(3)数据长度 N。一般熵值结果对数据的长度要求不高。$m=2$ 时,若选定,则 N 取 $10^m \sim 30^m$ 即可。

从样本熵的定义可以看出,如果信号中噪声的幅值小于相似容限 r,那么该噪声将被抑制。当原时间序列中存在较大的瞬态干扰时,干扰产生的数据(即所谓的"野点")与相邻的数据组成的矢量与 $X(i)$ 的距离必定很大,因而在阈值检波中将被去除。因此,样本熵的计算具有较强的抗噪和抗干扰的能力[173]。

6.3.3　多尺度熵

多尺度熵(MSE)计算步骤如下[193-194,196-197]。

(1)设原始数据为 $\{U_i\} = \{u_1, u_2, \cdots, u_N\}$,长度为 N,预先给定嵌入维数 m 和相似容限 r,建立新的粗粒向量(coarse grained vector):

$$y_j(\tau) = \frac{1}{\tau}\sum_{i=(j-1)\tau+1}^{j\tau} u_i, \quad 1 \leqslant j \leqslant N/\tau \tag{6.7}$$

其中,τ 为正整数,称为尺度因子。显然 $\tau=1$ 时,$y_j(1)$ 就是原序列。对于非零 τ,原始序列 $\{U_i\}$ 被分割成 τ 个每段长为 $[N/\tau]$(表示不大于 N/τ 的正整数)的粗粒化序列 $\{y_j(\tau)\}$。

(2)计算每一个粗粒序列的样本熵,得到 τ 个粗粒序列的样本熵值,将熵值画成尺度因子的函数,此过程称之为多尺度熵分析。以尺度因子等于 2 和 3 为例,上述粗粒化过程如图 6.1 所示。

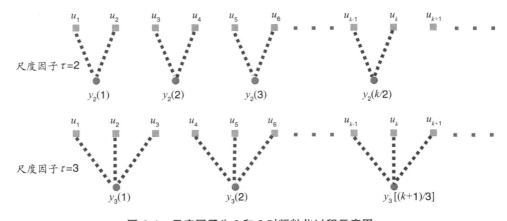

图 6.1　尺度因子为 2 和 3 时粗粒化过程示意图

样本熵刻画的是时间序列在单一尺度上的无规则程度,熵值越大,序列越复杂;熵值越小,序列越简单,序列自身的相似性越高。多尺度熵定义为时间序列在不同尺度因子下的样本熵,多尺度熵曲线反映的是时间序列在不同尺度下的复杂性和维数变化时序列产生新模式的能力。如果一个时间序列的熵值在大部分尺度上都比另一个序列的熵值高,那么就认为前者比后者的复杂性更高。

6.3.4 基于多尺度熵的滚动轴承故障诊断

对机械振动信号而言,不同的故障类型,信号的复杂性不同,其熵值也不同。某些故障一般会在一定的特定频段,当发生故障时该频段内的信号会发生较大的变化,其复杂性也会发生变化。因此,样本熵和多尺度熵值可以作为判断的指标和特征参数,用来表征不同故障类型的信号的复杂性。西安交通大学的胥永刚和何正嘉探讨了近似熵在机械设备状态监测和故障诊断领域中的工程应用,并与分形维数进行了比较,指出它们在表征振动信号复杂性方面各具特点,但近似熵包含的信息更多,是一种值得重视并很有应用前景的故障诊断方法[164,198]。滚动轴承振动信号一般是含有干扰信号和噪声的非平稳信号,但样本熵和多尺度熵有很强的抗干扰和抗噪能力。因此,考虑直接用样本熵和多尺度熵分析原始振动信号。

滚动轴承常见发生的故障位置一般有内圈故障、外圈故障和滚动体故障。由于实验条件限制,未能采得滚动体故障的振动信号。试验滚动轴承采用6307型,通过激光切割在内圈和外圈上开槽来设置故障,槽宽为0.15 mm,槽深为0.13 mm。振动信号由安装在轴承座上的加速度传感器来拾取,加速度传感器安装在轴承座上,分别采集具有外圈故障、内圈故障和正常三类状态下的振动信号,采样频率为8 192 Hz,采样点为2 048,转速为680 r/min。三种状态的时域波形如图6.2所示。为方便,具有外圈故障、内圈故障和正常的滚动轴承的振动加速度信号分别记为 $a_1(t)$、$a_2(t)$ 和 $a_3(t)$,单位:m·s^{-2}。

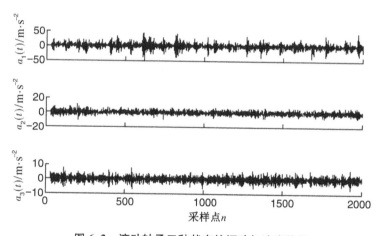

图 6.2 滚动轴承三种状态的振动加速度信号

由于噪声干扰,从时域波形上不易发现正常轴承振动信号和故障的明显区别。因此首先考虑它们的样本熵值的关系。以上三种状态的振动信号分别取3组数据,计算它们样本熵及样本熵均值,如表6.1所示。

表 6.1　三种滚动轴承振动信号的样本熵

类型	正常	外圈故障	内圈故障
样本 1	2.064 2	0.798 0	0.942 9
样本 2	2.191 0	0.837 6	1.047 3
样本 3	2.197 7	0.785 3	0.951 0
样本熵均值	2.151 0	0.807 0	0.980 4

从表 6.1 易看出,不同故障滚动轴承的振动信号的样本熵不同,同种故障类型的振动信号的样本熵在均值附近波动。正常滚动轴承的振动信号的样本熵值最大(2.151)。这是因为正常滚动轴承的振动是随机振动[165],信号的复杂度比较大,无规则程度较高,当嵌入维数 m 变化时产生新模式的概率也大,因而样本熵值也较大。而具有故障的滚动轴承存在固定的周期性的冲击,因此信号的自相似性较高,熵值较正常状态要小。另外,由于外圈固定,而内圈随轴转动,因此,理论上内圈故障机理比外圈故障要更加复杂,具有内圈故障轴承的振动信号的熵值要比具有外圈故障轴承振动信号的熵值大。综上,样本熵值可以有效地区分正常和两种故障的类型,但是外圈故障和内圈故障轴承的振动信号的熵值比较接近,样本熵虽然能够区分,但是区分度不高。为此,提出了基于多尺度熵的滚动轴承故障诊断方法。

上述三种状态滚动轴承的振动信号仍考虑研究的 9 个样本,分别计算其多尺度熵,并画成尺度因子的函数,如图 6.3 所示。

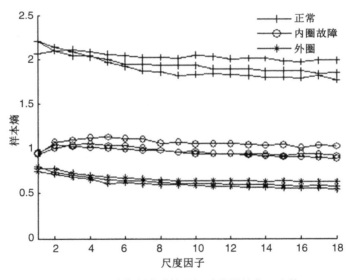

图 6.3　三种状态滚动轴承振动信号的多尺度熵

从图 6.3 中可以得出如下结论。

首先,与样本熵相比,多尺度熵能够明显和直观地区分滚动轴承的故障类型。正常轴承的振动加速度信号的多尺度熵值整体较大,且随着尺度因子的增加而递减趋于一个常数。具有内圈故障的振动加速度信号的多尺度熵值趋于 1 附近的值,具有外圈故障的振动加速度信号的多尺度熵递减趋于 0.65 附近的值。因此,多尺度熵成功实现了滚动轴承故障类型的区分。

其次,多尺度熵和样本熵区分的结果是一致的。不同故障状态与正常状态的样本熵和多尺度熵值的大小关系都是：$En_{(正常)} > En_{(内圈故障)} > En_{(外圈故障)}$。但是多尺度熵比样本熵区分更加直观和明显。

第三,在尺度因子等于1时,即是样本熵,与表6.1结果是吻合的。但三种状态的多尺度熵随尺度因子的增加,变化趋势是不同的。上述三种状态的熵曲线随着尺度因子的增加,递增或递减地趋向于一个固定值。这说明时间序列在其他不同尺度上也包含了重要的时间模式信息。而这一点分形维数和样本熵是无法反映的。这也是多尺度熵优越于分形维数、近似熵和样本熵之处。

多尺度熵和近似熵、样本熵以及分形维数等都是非线性动力学的方法,研究表明,多尺度熵比它们包含更多的时间模式信息,因此本节将多尺度熵引入到故障诊断领域,并将其作为诊断滚动轴承故障类型的特征参数,试验表明,多尺度熵的方法能够有效地识别滚动轴承的故障类型,是一种很有应用前景的故障诊断方法。

6.3.5 多尺度熵在转子故障诊断中的应用

转子系统作为典型的旋转机械,常发生的故障类型主要有转子不对中、不平衡、碰摩和油膜涡动及振荡等[199-202],且各个故障的系统都表现为非线性振动,因此,转子系统故障诊断的关键是如何从非线性的振动信号中提取与故障特征密切相关的信息[10,199-201,203]。多尺度熵作为一种衡量时间序列复杂性的动力学参数,能够反映时间序列在不同尺度的复杂性程度和规则性程度,本节考虑将多尺度熵用于分析具有故障的转子系统径向振动信号。

从转子振动模拟试验台上分别采集转子不平衡、正常、不对中、碰摩和油膜涡动五种状态下的径向位移振动信号(实验装置见图3.6)。采样频率为2 048 Hz,采样时间为0.5 s,转速为3 000 r/min。五种状态的时域波形分别如图6.4所示。

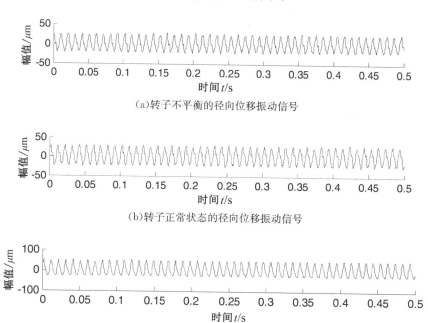

(a)转子不平衡的径向位移振动信号

(b)转子正常状态的径向位移振动信号

(c)转子不对中的径向位移振动信号

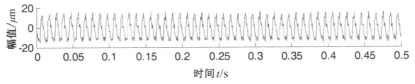

（d）转子碰摩的径向位移振动信号

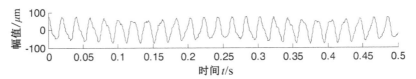

（e）转子油膜涡动的径向位移振动信号

图 6.4　转子系统不同状态的径向位移振动信号

从图 6.4 中转子系统五种状态径向位移信号的时域波形上不易发现它们的明显区别，因此考虑它们的样本熵值的关系。以上五种状态转子径向位移信号每种状态取三个数据样本计算样本熵再求平均值，结果如表 6.2 所示。

表 6.2　五种状态转子振动信号的样本熵

类型	不平衡	正常	不对中	碰摩	油膜涡动
样本 1	0.515 6	0.460 1	0.304 5	0.728 7	0.257 3
样本 2	0.502 8	0.462 1	0.294 8	0.673 9	0.258 4
样本 3	0.525 3	0.420 2	0.291 9	0.615 2	0.261 8
样本熵均值	0.514 6	0.447 5	0.297 1	0.672 6	0.259 2

从表 6.2 可以看出，不同故障转子系统的径向位移振动信号的样本熵不同，同种故障类型的位移信号的样本熵比较接近。故障状态与正常状态的转子振动信号的熵值大小关系是：

$$\text{SE}_{(碰摩)} > \text{SE}_{(不平衡)} > \text{SE}_{(正常)} > \text{SE}_{(不对中)} > \text{SE}_{(油膜涡动)} \qquad (6.8)$$

碰摩和不平衡的样本熵值相对较大，这说明二者的振动信号的复杂性较高，而不对中和油膜涡动的样本熵值相对较小，这说明二者的振动信号的复杂性较低，序列自相似性较高。由上知，样本熵可以实现不同故障的区分，但由于各种故障类型的样本熵值相差较小，区分效果不明显。

考虑分析转子系统振动信号的多尺度熵特征，仍然通过分析上述五种状态下的各三组样本，分别求其多尺度熵，并画成尺度因子的函数，如图 6.5 所示。从图 6.5 中可以得出如下结论：首先，与样本熵相比，由于引入尺度因子，多尺度熵能够更明显更直观地区分转子的几种故障状态类型。不同的故障类型的转子径向位移信号在不同尺度下的熵值不同；其次，多尺度熵值和样本熵所得的结果是一致的。但不同故障状态与正常状态的多尺度熵值区分非常明显，大小关系是：

$$\text{MSE}_{(碰摩)} > \text{MSE}_{(不平衡)} > \text{MSE}_{(正常)} > \text{MSE}_{(不对中)} > \text{MSE}_{(油膜涡动)} \qquad (6.9)$$

此外，图 6.5 说明，具有碰摩故障转子径向位移信号在大部分尺度上的熵值比正常滚动轴承的熵值较高，无规则程度更高，信号更为复杂，不平衡和正常轴承次之，不对中和油膜涡动故障径向位移信号在大部分尺度上的熵值较小，这说明不对中和油膜涡动状态径向位移信号自相似性较高,信号较为规则;第三,五种状态的多尺度熵曲线都是随着尺度因子的增加,而渐变地趋向于某一值,这说明,多尺度熵不仅能够很好地反映时间序列的复杂性程度,而且还反映了时间序列隐藏在其他尺度上的信息,而这一点是分形维数和样本熵等单一尺度的分析方法无法反映的,这也体现了多尺度分析的优越性。

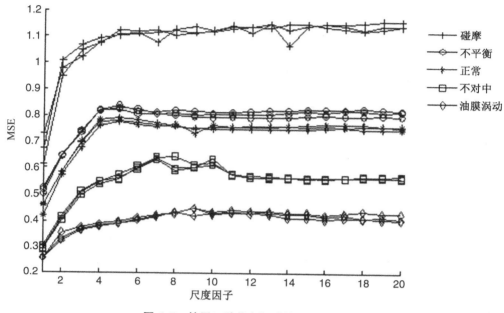

图 6.5　转子五种状态振动信号的多尺度熵

6.4　模糊熵与多尺度模糊熵

6.4.1　模糊熵算法

　　近似熵和样本熵都是衡量时间序列的复杂性的方法,但是二者的定义中两个向量的相似性都是基于单位阶跃函数而定义的,单位阶跃函数具备二态分类器的性质,若输入样本满足一定特性,则被判定属于一给定类,否则属于另一类。而在现实世界中,各个类之间的边缘往往较模糊,很难确定输入样本是否完全属于其中一类。陈伟婷等对样本熵进行了改进,提出了模糊熵(fuzzy entropy,FuzzyEn)的概念[173,186]。模糊熵的定义中采用模糊函数,并选择指数函数 $e^{-(d/r)^n}$ 作为模糊函数来测度两个向量的相似性。指数函数具有特性:① 连续性保证其值不会产生突变;② 凸性保证了向量自身的自相似性值最大。

　　FuzzyEn 的计算过程如下:

　　(1) 对 N 点时间序列 $\{u(i):1 \leqslant i \leqslant N\}$,按顺序建立 m 维向量:

$$X_i^m = \{u(i),u(i+1),\cdots,u(i+m-1)\} - u_0(i), i=1,2,\cdots,N-m+1 \quad (6.10)$$

其中 X_i^m 代表从第 i 个点开始的连续 m 个 u 的值去掉均值 $u_0(i)$,其中

$$u_0(i) = \frac{1}{m} \sum_{j=0}^{m-1} u(i+j) \quad (6.11)$$

　　(2)定义 X_i^m 与 X_j^m 间的距离 $d[X_i^m,X_j^m]$ 为两者对应元素差值的最大值,即

$$d_{ij}^m = d[X_i^m,X_j^m] = \max_{k \in (0,m-1)} \{|[u(i+k)-u_0(i)]-[u(j+k)-u_0(j)]|\}, i,j=1,$$

$$2,\cdots,N-m,\ i\neq j \tag{6.12}$$

(3)通过模糊函数 $\mu(d_{ij}^m,n,r)$ 定义矢量 X_i^m 和 X_j^m 的相似度 D_{ij}^m，即

$$D_{ij}^m=\mu(d_{ij}^m,n,r)=\mathrm{e}^{-(d_{ij}^m/r)^n} \tag{6.13}$$

其中，$\mu(d_{ij}^m,n,r)$ 是指数函数，n 和 r 分别表示控制其边界的梯度和宽度。

(4)定义函数

$$\varphi^m(n,r)=\frac{1}{N-m}\sum_{i=1}^{N-m}\left(\frac{1}{N-m-1}\sum_{\substack{i=1\\j\neq1}}^{N-m}D_{ij}^m\right) \tag{6.14}$$

(5)类似地，再对维数 $m+1$，重复上述步骤(1)～(4)，得

$$\varphi^{m+1}(n,r)=\frac{1}{N-m}\sum_{i=1}^{N-m}\left(\frac{1}{N-m-1}\sum_{\substack{i=1\\j\neq1}}^{N-m}D_{ij}^{m+1}\right) \tag{6.15}$$

(6)定义模糊熵为

$$\mathrm{FuzzyEn}(m,n,r)=\lim_{N\to\infty}\left[\ln\varphi^m(n,r)-\ln\varphi^{m+1}(n,r)\right] \tag{6.16}$$

当 N 为有限数时，上式表示成

$$\mathrm{FuzzyEn}(m,n,r,N)=\ln\varphi^m(n,r)-\ln\varphi^{m+1}(n,r) \tag{6.17}$$

模糊熵和样本熵物理意义相似，都是衡量时间序列在维数变化时产生新模式的概率的大小。序列产生新模式的概率越大，序列的复杂性程度越高，因此，熵值越大。模糊熵不仅具备了样本熵的特点：独立于数据长度(即计算所需数据短)和保持相对一致性，而且还具有比样本熵更优越之处：首先，样本熵使用单位阶跃函数，突变性较大，熵值缺乏连续性，对阈值的取值非常敏感，阈值的微弱变化就可能导致样本熵值的突变。而模糊熵用指数函数模糊化相似性度量公式，指数函数的连续性使得模糊熵值随参数变化而连续平滑变化。其次，在样本熵的定义中，向量的相似性由数据的绝对值差决定。当采用数据存在轻微波动或基线漂移时则得不到正确的分析结果。模糊熵则通过均值运算，除去了基线漂移的影响，且向量的相似性不再由绝对幅值差确定，而由指数函数确定的模糊函数形状决定，从而将相似性度量模糊化[173,187]。

为了比较样本熵和模糊熵，定义一个确定信号和一个随机信号的按不同概率组成的混合信号 $mix(N,p)$。

$$mix(N,p)=(1-p)X(i)+pY(i) \tag{6.18}$$

其中，$X(i)=\sqrt{2}\sin(2\pi/6)$，$Y(i)$ 是 $(-\sqrt{3},\sqrt{3})$ 上的随机信号，N 为数据长度，$p\in[0,1]$。考虑信号 $mix(200,0.1)$ 与 $mix(200,0.3)$ 二者的样本熵和模糊熵，为方便，分别记为：$\mathrm{SampEn}_1,\mathrm{SampEn}_2,\mathrm{FuzzyEn}_1$ 和 $\mathrm{FuzzyEn}_2$，它们随相似容限 r 的变化关系如图6.6所示。

由图6.6可以看出，随着 r 的变化，样本熵波动较大，说明样本熵取值对 r 较敏感，而模糊熵随 r 变化而变化平稳，具有很好的稳定性和光滑性。同时，图6.6也说明了模糊熵具有相对一致性，即对于两个不同的过程 A 和 B，若任一参数 $p1$ 下成立：算法$_{(p1)}$(A)≤算法$_{(p1)}$(B)，则对于所有参数 $p2$ 都应成立：算法$_{(p2)}$(A)≤算法$_{(p2)}$(B)。相对一致性是一个好的算法应具备的重要的性质。由于 $mix(200,0.3)$ 噪声比率比 $mix(200,0.1)$ 大，因此理论上前者的熵值应比后者大，而图6.5中 $\mathrm{FuzzyEn}_2>\mathrm{FuzzyEn}_1$ (对于相同 r)正验证了这一点，这说明模糊熵具有很好的相对一致性[173]。

6.4.2　多尺度模糊熵

对于机械设备振动信号，不同故障的振动信号的复杂性不同，熵值也不同。特定的故障类型一般会发生在特定的频段，不同类型的故障特征频段不同，因此发生故障时，故障频段内的

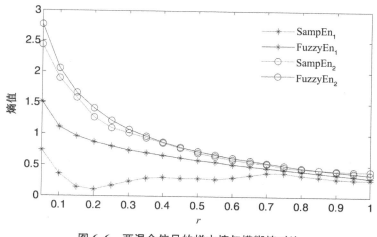

图 6.6　两混合信号的样本熵与模糊熵对比

信号复杂性发生变化,振动信号的复杂性也会发生变化。因此,只考虑振动信号的模糊熵特征并不能反映故障完整信息,有必要对其多尺度分析。本节借鉴多尺度熵(MSE)粗粒化的方式,同时结合模糊熵的定义,发展了多尺度模糊熵(MFE)的概念,计算步骤如下。

(1)将原始时间序列粗粒化。对长度为 N 的原始序列 $\{X_i\} = \{x_1, x_2, \cdots, x_N\}$,预先给定嵌入维数 m 和相似容限 r ,依据原始序列建立新的粗粒向量:

$$y_j(\tau) = \frac{1}{\tau} \sum_{i=(j-1)\tau+1}^{j\tau} x_i , \ 1 \leqslant j \leqslant N/\tau \tag{6.19}$$

其中,τ 是尺度因子。当 $\tau = 1$ 时,$y_j(1)$ 即为原时间序列。对于非零 τ,原始序列 $\{X_i\}$ 被分割成 τ 个每段长为 $[N/\tau]$(表示不大于 N/τ 的正整数)的粗粒化序列 $\{y_j(\tau)\}$ 。

(2)对每一个粗粒化序列计算其模糊熵,并画成尺度因子的函数。这里对每个粗粒序列求模糊熵时相似容限 r 不变。

模糊熵衡量时间序列在单一尺度上的无规则程度,熵值越小,序列的自相似性越高;熵值越大,序列越复杂。而多尺度模糊熵(MFE)定义为时间序列在不同尺度因子下的模糊熵,与多尺度熵类似,MFE 曲线反映了时间序列在不同尺度因子的复杂性和自相似性程度。如果一个序列的熵值在大部分尺度上都比另一个序列的熵值大,那么就认为前者比后者更复杂。如果一个时间序列随着尺度因子递增而熵值单调递减,这意味着时间序列的结构相对简单,只在最小的尺度因子上包含时间序列的模式信息。

6.4.3　参数的选取与性质

由模糊熵的定义,模糊熵值的计算和嵌入维数 m ,相似容限 r ,模糊函数的梯度 n 和数据长度 N 都有关系。

(1)嵌入维数 m 。和近似熵和样本熵一样,一般取嵌入维数 $m = 2$。因为 m 越大,在序列的联合概率进行动态重构时,会有越多的详细信息,但 m 越大,计算所需要的数据长度就更长(N 取 $10^m \sim 30^m$),因此综合考虑,$m = 2$。

(2)相似容限 r 。r 表示模糊函数边界的宽度。r 过大会丢失掉很多统计信息;r 过小估计出的统计特性的效果不理想,而且会增加对结果噪声的敏感性。一般 r 取 $0.1\text{SD} \sim 0.25\text{SD}$(SD 是原始数据的标准差),本节取 $r = 0.15\text{SD}$。

(3)n 的选取。n 决定了相似容限边界的梯度,n 越大则梯度越大,n 在模糊熵向量间相似性的计算过程中起着权重的作用。当 $n > 1$ 时,更多地计入较近的向量对其相似度的贡献,而更少地计入较远的向量的相似度贡献，n 过大会导致细节信息的丧失；当 $n < 1$ 时则相反，事实上，n 趋于无穷大时，指数函数即变为单位阶跃函数。为了捕获尽量多的细节信息，建议计算时取较小的整数值，如 2 或 3 等。综上考虑，本节取 $n = 2$。

（4）数据长度 N。一般熵值结果对数据的长度要求不高，若选定 $m = 2$，则 N 取 $100 \sim 900$。仍以式（6.18）所示信号为例，分别考虑 $p = 0.1$ 和 0.3 时两个混合信号不同长度的模糊熵，如图 6.7 所示，从图中可以看出，数据长度是 200 或者 1 000，对两混合信号的模糊熵值几乎没有影响，这说明模糊熵计算所需的数据长度短。

（5）另外，对于多尺度模糊熵还有一个参数，尺度因子 τ，一般地，τ 的最大值大于 10 即可，因为原数据长度为 N，则粗粒化后的序列长度为 N/τ，一般要保证 N/τ 具有的长度不影响模糊熵值的计算（一般大于 100）[173,187]。

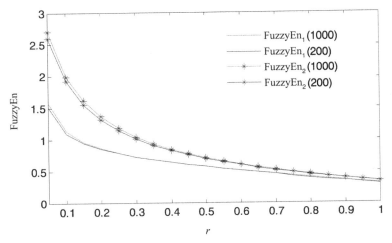

图 6.7　不同长度下两混合信号的模糊熵

对于一个自相似随机过程，功率谱密度 $S(f)$ 与频率 f 成比例关系，即 $S(f) \propto 1/f^{\beta}$。其中，$\beta = 0$ 时随机过程为白噪声信号，$\beta = 1$ 时随机过程称为 $1/f$ 噪声，二者在自然界都很常见[194-195]。白噪声与 $1/f$ 噪声的时域波形和傅里叶谱分别如图 6.8 所示。从图中可以看出，$1/f$ 噪声是长程相关的（long-range correlation），这意味着 $1/f$ 噪声要比白噪声信号更为复杂，二者的 MSE 和 MFE 如图 6.9 所示。

从图 6.9 可以看出，当尺度因子 τ 等于 1 时，白噪声的样本熵和模糊熵值都比 $1/f$ 噪声的大，如果依据单一尺度的熵的观点，很容易得出白噪声比 $1/f$ 噪声复杂的错误观点。但是，随着尺度因子 τ 的增加，白噪声的样本熵和模糊熵值都逐渐递减，而 $1/f$ 噪声的熵值则趋于平稳，而且随着尺度因子的增加，在大部分尺度上，$1/f$ 噪声的样本熵和模糊熵都大于白噪声的样本熵和模糊熵（$\tau > 3$ 时和 $\tau > 5$ 时），这意味着 $1/f$ 噪声要比白噪声更为复杂。此外，随着尺度因子的增加，两个信号的模糊熵变化较为平缓，而它们的样本熵则波动较大，因此，多尺度模糊熵要比多尺度熵更加稳定，一致性更好。

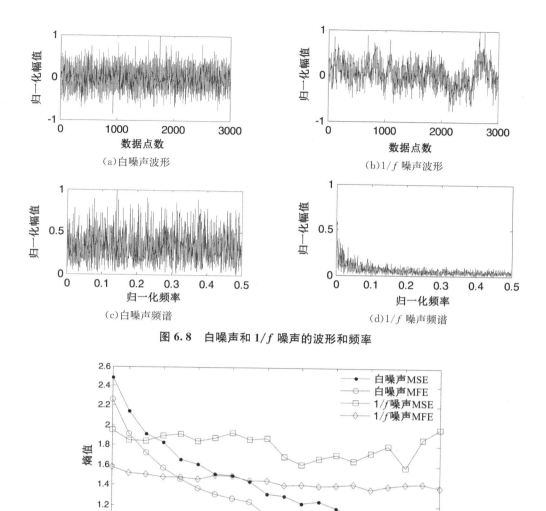

图 6.8　白噪声和 $1/f$ 噪声的波形和频率

图 6.9　白噪声与 $1/f$ 噪声的 MSE 和 MFE

6.4.4　滚动轴承故障诊断的多尺度模糊熵分析方法

由于大部分滚动轴承故障振动信号是非线性和非平稳信号,具有复杂的调幅调频和调相等调制特点,且不同故障类型的振动信号复杂性不同,如上所述,可以用模糊熵表征滚动轴承振动信号的复杂性的变化。但是由于不同故障类型特征频段不同,同一故障的故障特征信息也可能分布在多个频段和尺度,不同尺度下信号的复杂性也不相同,仅仅对原始振动信号进行模糊熵分析,并不能完全反映故障的全部特征和本质,而对振动信号进行多尺度分析是一种有效可行的分析手段。

常用的多尺度分析的途径主要有两种。一种是上述提到的,通过式(6.7)和式(6.19)粗粒化方式,将原始时间序列依据尺度因子粗粒化为若干个粗粒化序列,再通过对每个粗粒化序列进行分析,从而实现对原始信号的多尺度分析。另一种多尺度分析的途径源于小波变换的信号分解方法[204,205]。众所周知,小波变换是一种多分辨多尺度分析方法,小波变换的母函数通过调整尺度参数来实现多尺度的分析,小波的层数分解,事实上即是将信号按尺度分解。后来发展的经验模态分解(EMD)和局部特征尺度分解(LCD)等都是自适应地将一个复杂信号分解为从高频到低频分布的若干个单分量信号(IMF 或 ISC)之和,每个单分量信号事实上也对应原始信号在不同尺度的分量。多尺度分析减少了振动信号间特征信息的干涉或耦合,实现了故障特征的分离,同时也更方便地提取故障的本质信息。

本节分别对两种多尺度分析的思路进行了研究:(1)自适应分解的思路:提出了一种基于 LCD 自适应分解,模糊熵和支持向量机(support vector machine, SVM)的滚动轴承故障诊断方法,即,首先采用 LCD 将振动信号分解为多个不同尺度的 ISC 分量之和,再提取每个 ISC 模糊熵,最后,通过适合小样本分类的 SVM 建立多故障分类器,从而实现滚动轴承故障的智能诊断。(2)粗粒化思路:将多尺度模糊熵应用于滚动轴承振动信号分析,研究滚动轴承不同故障振动信号的复杂性特征。试验表明,两种方法都能够有效地区分滚动轴承的故障类型。对振动信号进行多尺度分析是一种有效的很有应用前景的故障诊断方法。

6.4.4.1 基于 LCD, 模糊熵和 SVM 的滚动轴承故障诊断

基于 LCD, 模糊熵和 SVM 的滚动轴承故障诊断方法, 步骤如下:

(1)采用 LCD 方法将滚动轴承的振动加速度信号自适应地分解为若干个 ISC 分量,每个分量都包含了原始信号不同频段的故障信息,因此通过提取每个 ISC 分量特征即可得到原始信号的故障特征。

(2)由于故障信息一般集中在高频段,因此选取前 M 个包含主要故障特征信息的 ISC 分量,计算其模糊熵,作为特征向量 $\boldsymbol{T}=(\mathrm{FuzEn}_1, \mathrm{FuzEn}_2, \cdots, \mathrm{FuzEn}_M)$。

(3)建立基于 SVM 的对应三类故障的分类器,通过对分类器进行训练和测试,实现故障诊断。

为了说明该方法的有效性,将其应用于试验数据分析。仍采用第 6 章第 3 节部分描述的 6307 型滚动轴承试验数据。首先,取正常滚动轴承、具有外圈故障和内圈故障三种状态的原始振动信号,每种状态取 5 个样本数据,共 15 个样本数据,分别计算每个样本的模糊熵,以及五组模糊熵的均值,结果如表 6.3 中第 1 列所示。从中可以看出,原始信号的模糊熵值虽然可以区分正常、外圈故障和内圈故障三种状态的滚动轴承,但两种故障状态的模糊熵值比较接近,区分效果不明显。正常滚动轴承的振动信号的模糊熵值最大,约为 2 左右。这是因为正常的滚动轴承的振动是随机振动,无规则程度较高,信号较为复杂,因此,熵值较大。当出现故障时,系统出现规律性和周期性冲击,振动信号的自相似性增强,熵值降低,因此具有外圈故障和内圈故障的轴承振动信号的模糊熵值比正常状态的要低。另外,具有内圈故障滚动轴承的振动信号熵值较具有外圈故障的大,这是因为外圈相对较固定,冲击特征和周期性特征更明显,而内圈随轴一起转动,理论上后者故障机理比前者要复杂,熵值要大。但不足的是,通过振动信号本身的模糊熵值区分故障类型的效果不明显。

表 6.3　不同状态滚动轴承振动信号及其前 5 个 ISC 分量的模糊熵

	原信号	ISC_1	ISC_2	ISC_3	ISC_4	ISC_5
正常	2.0431	1.8518	1.8207	1.0718	0.6605	0.4392
外圈故障	0.8688	0.8952	0.9732	0.6718	0.4266	0.3041
内圈故障	1.0101	0.8754	1.1943	0.8151	0.5474	0.2423

由于原始振动信号的模糊熵的区分效果不明显,因此考虑对每组原始振动信号进行 LCD 分解,每组数据分解得到约 10 个 ISC 分量,由于前几个分量包含了原始信号的主要故障信息,因此,计算每组数据分解得到的前五个分量的模糊熵,每种状态五组数据的前五个分量的模糊熵均值,如表 6.3 中第 2～6 列所示。从中可以看出,具有内圈故障的滚动轴承信号分解得到的 ISC_2、ISC_3 和 ISC_4 的模糊熵值比具有外圈故障振动信号分解得到的对应分量的熵值大,但都小于正常轴承振动信号对应的分量的模糊熵值。因此,多个分量的模糊熵能够区分故障类型。为了实现故障的智能诊断,考虑采用适合小样本分类的 SVM 建立多故障分类器。

正常、具有外圈故障和内圈故障三种状态轴承的振动信号,每种类型分别选择 13 组数据,由此共得到 39 个故障特征向量 T 用于滚动轴承的故障模式识别。其中,每种状态 9 组数据用来训练样本,其余用来测试。试验数据有三种状态,需建立能够识别三种状态的多故障 SVM 分类器,该分类器由三个 SVM 组成。其中,SVM_1 为正常滚动轴承对故障类分类机,SVM_2 为外圈故障对其他故障分类机,SVM_3 为内圈故障对其他故障分类机,核函数选用径向基核函数。在分类测试中,先将测试样本的特征向量 T 输入 SVM_1,若判别式 $f(x)$ 输出为"+1",则确认为正常,测试结束;否则自动输入 SVM_2,直到 SVM_3,若输出不为"+1",则说明测试样本属于其他故障,测试样本输出结果如表 6.4 所示。表 6.4 中测试样本全部得到正确识别,故障识别率是 100%,这说明本节提出的方法是一种有效的滚动轴承故障诊断方法。

表 6.4　测试样本输出和诊断结果

测试样本	故障类型	SVM_1	SVM_2	SVM_3	诊断结果
$T_1 \sim T_4$	正常	+1	—	—	正常
$T_5 \sim T_8$	外圈故障	−1	+1	—	外圈故障
$T_9 \sim T_{12}$	内圈故障	−1	−1	+1	内圈故障

6.4.4.2　多尺度模糊熵在滚动轴承故障诊断中的应用

滚动轴承故障诊断的关键是从振动信号中提取特征信息。振动信号一般是非平稳信号,含有干扰信号和噪声,但模糊熵的计算具有抗噪和抗干扰能力,因此,考虑直接对原始信号进行多尺度模糊熵分析,由此提出了基于多尺度模糊熵和支持向量机的滚动轴承故障诊断方法,即,首先对振动信号的原始振动信号进行多尺度模糊熵分析,观察正常状态和故障状态的多尺度模糊熵曲线的区别,尤其是区分效果比较明显的前几个尺度;其次,若区别明显,则可以实现故障类型的诊断,否则,选取前 M 个尺度的多尺度模糊熵作为特征参数,输入支持向量机分类器,通过对样本进行训练和测试,从而实现滚动轴承的故障诊断。

试验数据采用美国凯斯西储大学电气工程试验室的滚动轴承试验数据[146]。测试轴承为 6205-2RS JEM SKF 深沟球轴承,电机负载约为 735.5 W,轴承转速为 1 797 r/min,使用电火花加工技术在轴承上布置单点故障,故障直径为 0.533 4 mm,深度为 0.279 4 mm,试验数据采集装置如图 6.10 所示。在此情况下采集到正常、内圈单点电蚀、外圈单点电蚀和滚动体单点电蚀四种状态的振动信号,信号采样频率为 12 kHz,每种状态截取 20 组数据,数据样本长度为 2 048。正常(NOR)、滚动体故障(BRF)、内圈故障(IRF)和外圈故障(ORF)四种状态轴承的典型振动加速度信号如图 6.11 所示,图中从上到下依次为:NOR,BRF,ORF 和 IRF。

（a）信号采集实验台

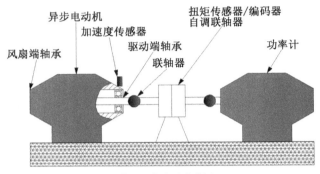

（b）信号采集实验台简图

图 6.10　信号采集实验台及简图

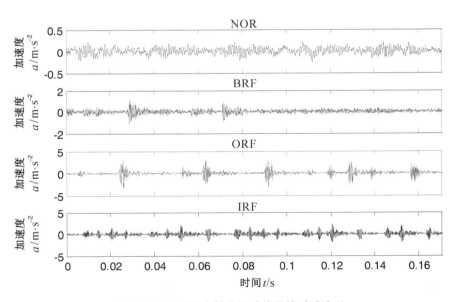

图 6.11　四种状态轴承振动信号的时域波形

由于干扰和背景噪声的影响，从时域波形上不易发现四种状态的明显区别。为了避免诊断的偶然性和盲目性，从以上四种状态的每种状态中随机抽取 3 组数据，共 12 组数据，分别在三组不同参数条件下，对上述 12 组数据进行多尺度模糊熵分析，结果如图 6.12(a)，(b)和(c)所示。

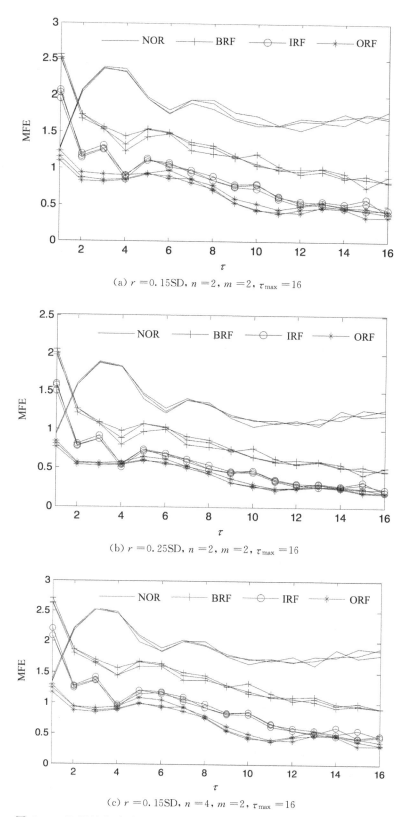

(a) $r=0.15\text{SD}$, $n=2$, $m=2$, $\tau_{\max}=16$

(b) $r=0.25\text{SD}$, $n=2$, $m=2$, $\tau_{\max}=16$

(c) $r=0.15\text{SD}$, $n=4$, $m=2$, $\tau_{\max}=16$

图 6.12　不同状态滚动轴承振动信号在不同参数条件下的多尺度模糊熵

从图 6.12 中可以得出如下结论。

首先,在大部分尺度($\tau > 1$)上四种状态滚动轴承的振动信号被明显地区分开来。正常滚动轴承的振动加速度信号的模糊熵值比三种故障状态振动加速度信号的熵值大,这是因为正常滚动轴承的振动是随机振动,其振动信号在大部分尺度上无规则程度较高,自相似性较低,相对较复杂,故熵值较大;当出现故障时,振动信号的规则性增强,自相似性增高,大部分尺度上熵值降低。

其次,在大部分尺度($\tau > 1$)上,四种状态滚动轴承的振动信号的熵值关系是:$E(\text{NOR}) > E(\text{BRF}) > E(\text{IRF}) > E(\text{ORF})$。当滚动轴承出现故障时,振动信号自相似性较高,熵值降低;由于轴承工作时外圈相对固定,当外圈发生故障时,振动信号冲击性和自相似性较强,因此,熵值较低。而当发生内圈故障时,振动信号也表现出一定的冲击性和自相似性,但其冲击频率比发生外圈故障时的冲击频率要大,且由于内圈随轴转动,振动信号的不规则性更强,因此,理论上讲,具有内圈故障的轴承振动信号的复杂性程度要比与具有外圈故障的轴承的振动信号的复杂性程度高,故障机理也更复杂,因此其振动信号的熵值要比具有外圈故障的要大。而当滚动体发生故障时,滚动体既有自转,又随轴转动,振动波形冲击性与内圈和外圈故障相比也更为不规则,振动信号更为复杂,其振动信号要较具有内圈和外圈故障轴承的振动信号复杂、自相似性低,因此,具有滚动体故障的滚动轴承的振动信号的熵值在大部分尺度上要比具有内圈和外圈故障的熵值大。但如上所述,三种故障状态滚动轴承的振动信号的熵值在大部分尺度上都要小于正常滚动轴承振动信号的模糊熵值。

第三,特别要说明的是,在尺度因子等于 1 时,多尺度模糊熵即是原始信号的模糊熵,此时正常滚动轴承振动信号的模糊熵值比具有故障的轴承振动信号的熵值小,但这并不能说明具有故障滚动轴承的振动信号比正常轴承的振动信号复杂,相反,这恰好说明了进行多尺度分析的必要性[195]。三种故障状态的轴承的振动信号的多尺度模糊熵随着尺度因子的增加而逐渐递减,而正常轴承的振动信号多尺度模糊熵随着尺度因子的增加而先增后减,且在大部分尺度上熵值变化不大。这说明单一尺度上的模糊熵值并不能反映故障的本质,其他尺度的序列上也包含有重要的故障特征信息。

第四,从图 6.12 中可以看出,参数 r 增大,对应的熵值变小;n 增大,对应的熵值变大;但参数的改变不影响四种状态轴承振动信号多尺度模糊熵值的相对关系,只是熵值的大小略有不同,这说明多尺度模糊熵具有很好的相对一致性。

以上分析说明,机械振动信号在其他多个尺度上包含有重要的时间模式信息,而单一尺度上的信息并不能反映故障的本质,这说明进行多尺度分析的重要性,而这一点是分形维数和模糊熵等无法反映的,这也是多尺度模糊熵优于传统的基于单一尺度熵分析之处。

上述只是从每种状态的轴承振动信号中随机选取三组数据的分析结果,样本量较少,有一定的偶然性,为了验证方法的普适性,选用适合小样本分类且训练时间较短的支持向量机(SVM)作为分类器,提出了一种新的滚动轴承故障诊断方法,步骤如下:

(1)对轴承原始振动信号进行 MFE 分析,得到 $\tau_{\max} = 16$ 个熵值,并画成尺度因子的函数;

(2)根据 MFE 曲线诊断滚动轴承的故障类别,若故障类型区分不明显,则依图选择特征参数的个数,由于用全部熵值作为特征参数信息会有冗余,从图 6.13 中可以看出前 5 个模糊熵值即可有效地区别故障类型,因此本节选取前 5 个熵值作为特征量,即 $T = [En_1, En_2, \cdots, En_5]$;

(3)将特征向量 T 输入支持向量机进行训练和测试,从而实现滚动轴承故障类别的诊断。

具有外圈故障、内圈故障、滚动体故障和正常四种状态的滚动轴承,每种状态分别选取 20 组数据,共 80 组数据,由上述方法共得到 80 个故障特征向量。其中每种状态 10 组特征向量用来训练,其余 10 组作为测试样本。该试验有 4 种滚动轴承状态,故需建立 4 个二类支持向量分类机,按照图 6.13 所示,组合成可以识别 4 种状态的多分类 SVM 分类器。图 6.13 中,SVM_1 为正常滚动轴承对其他类分类机,SVM_2 为外圈故障状态对其他故障分类机,SVM_3 为内圈故障对其他故障分类机,SVM_4 为滚动体故障对其他故障分类机。$f(x)$ 表示支持向量机的最优分类函数,核函数选用径向基核函数。在分类测试中,将测试数据样本的特征向量 **T** 依次输入已训练的 SVM_1,若判别式 $f(x)$ 输出为“$+1$”,则确认为正常,测试结束;否则自动输入 SVM_2,直到 SVM_4,若输出不为“$+1$”,测试样本属于其他故障。

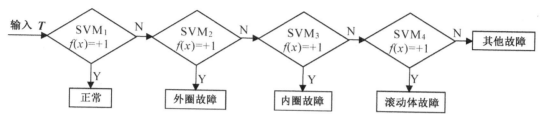

图 6.13　基于 SVM 多故障分类器示意图

将每一类的 10 个测试样本(共 40 个测试样本),输入到已训练的 SVM 分类器进行测试,测试样本的诊断结果如表 6.5 所示,测试样本全部得到正确识别,识别准确率为 100%。

表 6.5　测试样本诊断结果

测试样本	故障类型	SVM_1	SVM_2	SVM_3	SVM_4	诊断结果
$T_1 - T_{10}$	正常	$+1$				正常
$T_{11} - T_{20}$	外圈故障	-1	$+1$			外圈故障
$T_{21} - T_{30}$	内圈故障	-1	-1	$+1$		内圈故障
$T_{31} - T_{40}$	滚动体故障	-1	-1	-1	$+1$	滚动体故障

多尺度模糊熵和模糊熵、多尺度熵、分形维数等类似,都是对信号复杂性和自相似性的量度,但与它们相比,多尺度模糊熵能够反映蕴含在时间序列更深层的模式信息,且具有计算所需数据短、抗噪能力强和具有相对一致性等优点。研究了多尺度模糊熵在滚动轴承故障诊断中的应用,提出了一种基于多尺度模糊熵和 SVM 的滚动轴承故障诊断新方法。试验数据表明,多尺度模糊熵能够有效地反映滚动轴承的故障特征和区别故障类型,是一种有效的滚动轴承故障诊断方法。

6.5　排列熵与多尺度排列熵

排列熵(permutation entropy,PE)是由 Bandt 和 Pompe 提出的一种检测时间序列随机性和动力学突变行为的方法,具有计算简单、快速,抗噪能力强,适合在线监测等优点,已经被广泛应用于肌电信号和心率信号分析、气温复杂度以及机械故障检测等[125-127,188,189,191]。Yan 等将其应用于旋转机械振动信号的特征提取,并将排列熵与近似熵以及 Lempel-Ziv 复杂度进行了对比[206,207]，结果表明排列熵能够有效地检测和放大振动信号的动态变化，表征滚动轴承在不同状态下的工况特征[125]。冯辅周等将排列熵用于滚动轴承和变速箱振动信号的突变检测，取得了良好的效果[191,192]。然而对于机械振动信号而言，由于机械系统比较复杂，振动信号不仅在单一尺度上包含有重要故障信息，在其他尺度上也蕴含了和故障密切相关的信息，因此，有必要研究振动的多尺度特征，对振动信号进行多尺度分析。

6.5.1 排列熵算法

考虑时间序列 $\{x(i), i=1,2,\cdots,N\}$，长度为 N，对其进行相空间重构，得到：

$$\begin{cases} X(1) = \{x(1), x(1+\tau), \cdots, x(1+(m-1)\tau)\} \\ \quad\vdots \\ X(i) = \{x(i), x(i+\tau), \cdots, x(i+(m-1)\tau)\} \\ \quad\vdots \\ X(N-(m-1)\tau) = \{x(N-(m-1)\tau), x(N-(m-2)\tau), \cdots, x(N)\} \end{cases} \quad (6.20)$$

其中，m 是嵌入维数（embedding dimension），λ 是时间延迟（time delay）。

将 $X(i) = \{x(i), x(i+\tau), \cdots, x[i+(m-1)\tau]\}$ 按照升序重新排列，即

$$X(i) = \{x(i+(j_1-1)\tau) \leqslant x[i+(j_2-1)\tau] \leqslant \cdots \leqslant x[i+(j_m-1)\tau]\} \quad (6.21)$$

如果存在 $x(i+(j_{i1}-1)\tau) = x[i+(j_{i2}-1)\tau]$，此时按 j 的值的大小来进行排序，即当 $j_{i1} < j_{i2}$ 时，有 $x[i+(j_{i1}-1)\tau] \leqslant x[i+(j_{i2}-1)\tau]$，所以，对任意一个向量 $X(i)$ 都可得到一组符号序列：

$$S(l) = [j_1, j_2, \cdots, j_m] \quad (6.22)$$

其中，$l=1,2,\cdots,k$，$k \leqslant m!$。m 个不同的符号 $[j_1, j_2, \cdots, j_m]$ 共有 $m!$ 种不同的排列，对应地共有 $m!$ 种不同的符号序列。计算每一种符号序列出现的概率：$P_1, P_2, \cdots, P_k$，$\sum_{l=1}^{k} P_l = 1$，则时间序列 $\{x(i), i=1,2,\cdots,N\}$ 的排列熵定义为

$$H_p(m) = -\sum_{l=1}^{k} P_l \ln P_l \quad (6.23)$$

当 $P_l = 1/m!$ 时，$H_p(m)$ 达到最大值 $\ln(m!)$，通过 $\ln(m!)$ 将 $H_p(m)$ 标准化，即

$$H_p = H_p(m)/\ln(m!) \quad (6.24)$$

H_p 的取值范围是 $0 \leqslant H_p \leqslant 1$。$H_p$ 值的大小表示时间序列的复杂和随机程度。H_p 越大，说明时间序列越随机；H_p 越小，说明时间序列越规则。

6.5.2 PE 参数的选取及对结果的影响

排列熵的计算与时间序列长度 N，嵌入维数 m 和时延 λ 的值都有关系。一般地，嵌入维数 m 取 3～7，如果 m 等于 1 或 2，此时重构的向量中包含的状态太少，算法失去意义和有效性，不能检测序列的动力学突变；如果 m 过大，相空间的重构将会均匀化时间序列，此时不仅计算比较耗时，而且也无法反映序列的细微变化，综上，本节选取 $m=6$。时延 λ 对时间序列的计算影响较小，取 $\lambda=1$。为研究数据长度 N 对 PE 计算的影响，分别以长度为 128，256，512，1 024 和 2 048 的白噪声为例，对应的 PE 分别记为 PE_1, PE_2, PE_3, PE_4 和 PE_5，如图 6.14 所示。

由图 6.14 和表 6.6 可以发现，嵌入维数 $m=6$ 时，长度为 1 024 和 512 的两个数据的熵值相差 0.065 9，而数据长度为 2 048 和 1 024 的两个信号的 PE 值相差 0.030 9，因此，此时选数据长度为 1 024 较合适。而对 $m=5$ 而言，数据长度分别为 1 024 和 256 的信号的排列熵相差

0.051 66,此时,数据长度为 256 已经可以估计合理的排列熵值。一般地,嵌入维数越小,数据长度则要求越小。

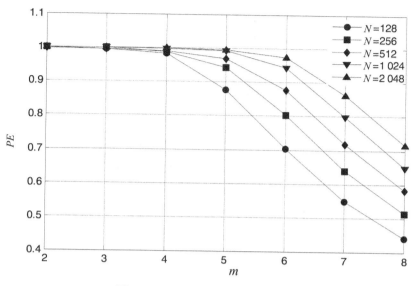

图 6.14　不同长度白噪声的排列熵

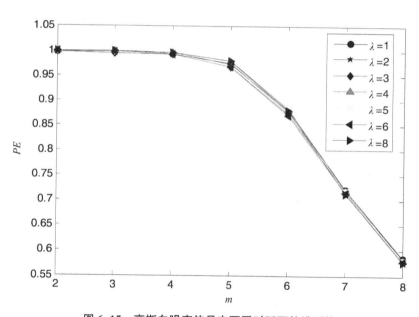

图 6.15　高斯白噪声信号在不同时延下的排列熵

时延 λ 对时间序列的计算影响较小,以长度为 512 的高斯白噪声信号为例,在不同 λ 下的排列熵值随嵌入维数的变化关系如图 6.15 所示,由图可以看出,时延对信号熵值的影响较小,本节取 $\lambda = 1$。

表 6.6　不同长度高斯白噪声的排列熵在不同嵌入维数下的差值

m	2	3	4	5	6	7	8
$PE_5 - PE_4$	−0.000 1	0.000 6	0.000 3	0.002 7	0.030 9	0.065 2	0.064 3
$PE_4 - PE_3$	0.002 6	0.003 6	0.008 3	0.023 6	0.065 9	0.080 0	0.068 1
$PE_3 - PE_2$	−0.002 7	−0.003 4	0.001 8	0.026 6	0.073 9	0.076 9	0.066 6
$PE_2 - PE_1$	0.000 4	0.004 1	0.005 4	0.066 2	0.098 8	0.091 0	0.075 0

6.5.3　多尺度排列熵定义

多尺度排列熵(MPE)定义为不同尺度下的排列熵,计算方法如下:

(1)考虑时间序列 $\{x(i), i=1,2,\cdots,N\}$,按照式(6.19)的方式对其进行粗粒化处理,得到粗粒化序列 $\{y_j(\tau)\}$,其中,$\tau=1,2,\cdots$是尺度因子;

(2)计算每个粗粒序列的排列熵,并画成尺度因子的函数。

上述过程称为多尺度排列熵分析。

为了选取合适的计算 MPE 的嵌入维数,仍以高斯白噪声为例,数据长度为 2 048,尺度因子最大值为 12,$\lambda=1$,当 $m=4,5,6$ 和 7 时,分别求得它们的 MPE,相对耗时分别为 0.188 s,0.671 s,3.829 s 和 27.671 s,将 MPE 画成尺度因子的函数,如图 6.16 所示。

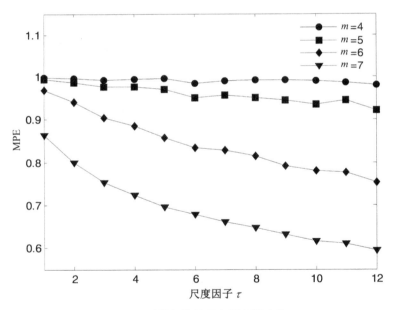

图 6.16　不同嵌入维数下高斯白噪声的 MPE

由图中可以看出,若 m 取值太小,则 MPE 值随尺度因子的增加变化很小,但 m 越大,计算越耗时,因此,本节选取 $m=6$。此外,由图中也可以看出,高斯白噪声的 MPE 随着尺度因子的增加而单调递减,这说明白噪声只在最小尺度上包含有主要信息。

6.5.4　多尺度排列熵在滚动轴承故障诊断中的应用

在上述理论的基础上,本小节将 MPE 应用于滚动轴承故障振动信号的分析。

试验数据采用美国凯斯西储大学(CWRU)轴承数据中心提供的滚动轴承试验数据[146]。测试轴承为 6205-2RS JEM SKF 深沟球轴承,电机负载约为 2 206.496 3 W,转速为 1 730 r/min,采用电火花加工技术在轴承上布置单点故障,故障直径为 0.533 4 mm,深度为 0.279 4 mm。在此情况下采集到正常(normal,NORM),内圈故障(inner race fault,IRF),外圈故障(outer race fault,ORF)和滚动体故障(rolling element fault,REF)四种状态滚动轴承的振动信号各 30 组数据,数据长度为 2 048,采样频率为 12 kHz,四种状态滚动轴承的振动信号典型时域波形如图 6.17 所示。

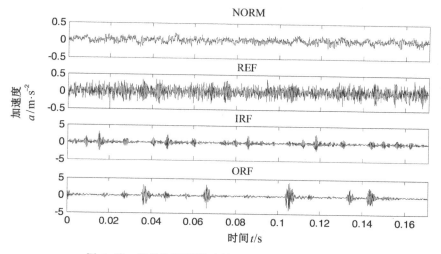

图 6.17　正常和不同故障轴承振动信号的时域波形

从图 6.17 中不易发现正常和故障轴承振动信号的明显区别,尤其是正常和滚动体故障,内圈故障和外圈故障。首先对振动信号进行 MPE 分析,设置参数:嵌入维数 $m = 6$,时延 $\lambda = 1$,最大尺度因子为 12,四种状态滚动轴承的 MPE 画成尺度因子的函数,如图 6.18 所示。

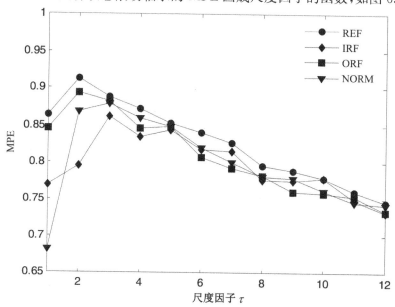

图 6.18　正常和故障滚动轴承振动信号的多尺度排列熵

当尺度因子等于 1 时,MPE 即为原始振动信号的排列熵,由于熵值比较接近,无法明显地区别三种故障和正常轴承的类型,因此有必要对振动信号进行多尺度分析。基于此,提出了一种基于 MPE 和 SVM 的滚动轴承故障诊断方法,该方法以多尺度排列熵值为特征参数,同时基于 SVM 建立多故障分类器。如果采用全部的 12 个特征值进行训练会造成信息的冗余,且训练比较耗时,也需要较多的训练样本,且由图 6.18 也可以看出,前几个尺度的熵值表征了振动信号的主要信息,因此,采用前四个尺度的排列熵值作为特征向量,即 $T=(PE_1,PE_2,PE_3,PE_4)$。本节提出的故障诊断步骤如下。

首先,提取特征参数。对振动信号进行 MPE 分析,提取特征参数向量 T。正常、滚动体故障、内圈故障和外圈故障四种状态,每种状态取 30 个样本,故每种状态可得到 30 个表征故障特征的特征向量,共得到 120 个特征向量。

其次,训练分类器。由于有三种故障状态和正常状态,建立由四个 SVM 组成多故障分类器,SVM_1 为正常对三种故障分类器,SVM_2 为外圈故障对其他类分类器,SVM_3 为内圈故障对其他类分类器,SVM_4 为滚动体故障对其他类分类器。每种状态随机抽取 10 个样本进行训练,并将每组 30 个样本全部用来测试。基于 SVM 的多故障分类器如上文 6.4 节图 6.13 所示。

最后,测试分类器。对已训练的 SVM 分类器,将全部样本作为测试样本进行测试,输出结果如表 6.7 所示。

表 6.7　测试样本的输出结果

样本	故障类型	SVM_1	SVM_2	SVM_3	SVM_4	诊断结果
$T_1 - T_{30}$	正常	+1(30)				正常
$T_{31} - T_{60}$	外圈故障	−1(30)	+1(30)			外圈故障
$T_{61} - T_{90}$	内圈故障	−1(30)	−1(30)	+1(30)		内圈故障
$T_{91} - T_{120}$	滚动体故障	−1(30)	−1(30)	−1(30)	+1(30)	滚动体故障

由表 6.7 可以看出,本节提出的滚动轴承故障诊断方法有很好的识别率,对试验数据的全部样本的识别率为 100%,这验证了本节滚动轴承故障诊断方法的有效性。需要说明的是,本节选取特征值为前四个尺度上的特征值,主要基于以下原因考虑。如果特征值过少,不能完全反映故障的特征信息,而特征值过多会造成信息冗余,且需要增加训练样本和训练时间。Zhang 等在文献[195]中,选择多尺度熵值的统计量,最大值、最小值、代数平均、几何平均和标准差作为特征向量,但统计量方法忽略了特征值之间的内在关系,因此,本节采用前四个尺度因子的排列熵值组成特征向量。

6.5.5　基于 LCD 和排列熵的滚动轴承故障诊断

如前文所述,多尺度分析的途径有两种,一种是基于信号自适应分解的方式,另一种是通过时间序列的粗粒化方式。上文研究了多尺度排列熵在滚动轴承故障诊断中的应用,下文通过自适应分解的方式来实现多尺度分析,从而提出了一种基于 LCD 和排列熵的滚动轴承故障诊断方法,步骤如下。

(1)采用 LCD 方法自适应地将滚动轴承振动信号分解为若干个不同尺度的 ISC 分量:$ISC_1,ISC_2,\cdots,ISC_n$。每个分量都包含了原始信号不同频段和不同尺度的故障信息。

(2)由于故障信息一般集中在振动信号相对较高的频段,因此本节选取包含主要故障信息

前五个的 ISC 分量,计算它们的排列熵,作为个体神经网络的特征向量:

$$T = (PE_1, PE_2, PE_3, PE_4, PE_5) \tag{6.25}$$

(3)依据特征向量对多类故障滚动轴承建立神经网络集成(neural network ensemble, NNE)分类器[208,209],通过对样本进行训练和测试,从而实现滚动轴承故障的智能诊断。

基于 LCD,PE 和 NNE 的滚动轴承故障诊断方法流程如图 6.19 所示。

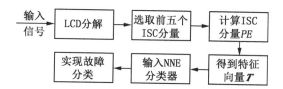

图 6.19 基于 LCD,排列熵和 NNE 的滚动轴承故障诊断方法流程图

本节将提出的方法应用于滚动轴承试验数据以证明方法的有效性。分析数据采用美国凯斯西储大学电气工程试验室的滚动轴承试验数据。测试轴承为 6205-2RS JEM SKF 深沟球轴承,电机负载约为 735.5 W,轴承转速为 1 772 r/min,试验使用电火花加工技术在轴承上布置单点故障,故障直径为 0.355 6 mm,深度为 0.279 4 mm,在此情况下采集到正常、内圈单点电蚀、外圈单点电蚀和滚动体单点电蚀,四种状态的振动信号,信号采样频率为 12 kHz,每种状态取 30 组数据,数据样本长度为 2 048。正常(NORM)、滚动体故障(REF)、内圈故障(IRF)和外圈故障(ORF)四种状态轴承的振动加速度信号如图 6.20 所示。

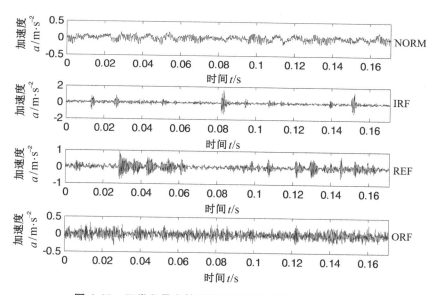

图 6.20 正常和具有故障滚动轴承振动信号的时域波形

正常、外圈故障、内圈故障和滚动体故障四种状态轴承的振动信号,每种状态取 30 组数据样本,其中 20 组用来训练,10 组用来测试。首先,对四种状态的 120 个样本数据进行 LCD 分解,每个样本分解得到若干个 ISC 分量;其次,对包含主要故障信息的前五个 ISC 分量计算其排列熵,并将熵值组成特征向量,因此,共得到 120 个特征向量。图 6.21 给出了正常和三种故障轴承振动信号特征向量的关系。

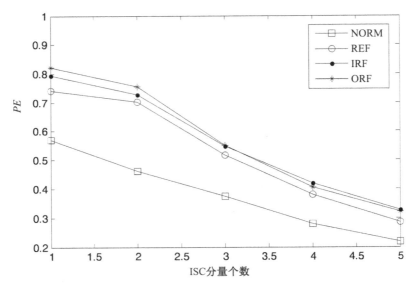

图 6.21　正常和具有故障轴承的振动信号的特征向量

从图 6.21 可以发现,正常状态滚动轴承的振动信号各分量的排列熵较小,当滚动轴承发生故障时,信号各分量的排列熵值发生了较大变化。这是因为当滚动轴承发生故障时,信号的随机性发生改变,振动信号的动力学行为也发生较大突变,因此熵值变大,然而,至于是外圈故障、内圈故障还是滚动体故障,三者的区分仍不明显。因此,为了实现故障类别的诊断,本节建立基于神经网络集成的滚动轴承多故障分类器。采用训练样本分别对每个 BP 神经网络进行训练,再将测试样本输入到已训练的神经网络分类器中,并通过相对多数投票法集成神经网络的输出,结果如表 6.8 所示。

表 6.8 不仅说明本节提出的方法有较高的故障识别率,对试验数据达到 100%,而且也说明集成后的神经网络的泛化能力确实得到了提高,NNE 输出的准确率比单个输出要高和稳定。

为了说明进行多尺度分析的重要性,采用原始信号的排列熵作为特征向量,训练 9 个个体 BP 神经网络,参数选择与上述选取相同,同样的方法集成输出,四种状态的故障识别率分解为:正常 100%,外圈故障 70%,内圈故障 80%,滚动体故障 100%。这说明,直接对原始信号提取排列熵作为特征向量的分类效果并不理想,也验证了本节方法中进行 LCD 多尺度分解的必要性。

表 6.8　个体 BP 神经网络和神经网络集成输出识别率比较(识别率%)

	隐含层数与动量因子	正常	外圈故障	内圈故障	滚动体故障
BP$_1$	(12,0.4)	100	100	100	100
BP$_2$	(18,0.4)	100	100	100	100
BP$_3$	(24,0.4)	100	100	100	80
BP$_4$	(12,0.6)	100	100	100	90
BP$_5$	(18,0.6)	100	100	100	100

续表

	隐含层数与动量因子	正常	外圈故障	内圈故障	滚动体故障
BP_6	(24,0.6)	100	100	90	100
BP_7	(12,0.8)	100	100	90	100
BP_8	(18,0.8)	100	100	100	100
BP_9	(24,0.8)	100	100	100	100
集成输出		100	100	100	100

第7章 基于 LCD 和模式识别的旋转机械智能故障诊断方法

7.1 引言

机械故障诊断的过程本质上是模式识别的过程[210,211]。对于具体的机械故障诊断问题,不同的模式识别方法,其最终的分类结果和精度可能会有较大的差异,因此,如何选择适合的模式识别方法一直是相关学者关注的热点问题。近年来,随着模式识别理论的发展,许多新的模式分类方法和理论被应用到机械故障诊断领域[21,212-227]。

机械故障诊断中常用的分类方法可分为非监督分类与有监督分类。非监督分类的方法主要包括聚类分析等,聚类分析模型直观、结论形式简明,但在样本量较大时,要获得聚类结论有一定困难,而且缺乏通用性[214,228]。有监督分类又称训练分类,以建立统计识别函数为理论基础,依据典型先验样本训练进行分类。比较有代表性的方法主要包括:神经网络,支持向量机(support vector machine,SVM)和自适应神经模糊推理系统(adaptive neuro-fuzzy inference system,ANFIS)等,都已被相关学者应用到机械故障诊断领域[21,40,149,205,214-217,219,220,223,224,229-232]。但这些模式识别方法都有自身的缺陷,如神经网络的结构和类型的选择没有一定的标准,依赖于先验知识或经验,因而会影响分类的精度;SVM 需要严格的核函数及其参数调整,其分类结果受到核函数及其参数的影响[234,235],同时由于有寻优的过程而使得在处理大数据量时计算量较大,而且其本质上是二分类的,对于多类分类问题则需要进行多次的二进分类[236];ANFIS 综合了模糊推理与神经网络的优势,自动产生模糊规则和隶属度函数,但初始系统的隶属度函数的类型、隶属度函数的数目以及训练次数则需要事先人为选择,而且没有严格的选择标准,学习的过程也较耗时[237]。事实上,这些模式识别方法还有一个共同的缺点,那就是:都忽略了特征值之间相互的内在关系。在机械故障诊断中,从振动信号中提取的故障特征向量的各特征值之间一般都存在一定的内在关系,而且在不同运行状态下,这些特征值的相互内在关系也会有不同的变化。

最近,Raghuraj 与 Lakshminarayanan 提出了一种新的模式识别方法——基于变量预测模型的分类识别(variable predictive model based class discriminate,VPMCD)。VPMCD 假设各个特征值之间存在一定的内在关系,并依据此关系建立数学模型,针对不同的类别获得不同的数学模型,采用这些数学模型对被测试样本的特征值进行预测,把预测结果作为分类的依据,从而实现了模式的识别[238,239]。VPMCD 通过对变量建立模型避免了神经网络的迭代和支持向量机的寻优过程,减少了计算量,训练时间短,适合处理机械故障的分类和诊断。

本章基于 VPMCD,结合 LCD 自适应分解,提出了若干种机械故障智能诊断方法,并通过试验数据验证了所提出的故障诊断方法的有效性。

7.2 基于变量预测模型的模式识别方法

有监督学习的分类方法通过学习的过程实现分类,却忽略了特征值之间存在的关系。变量预测模型(variable predictive model,VPM)是基于特征变量的线性或非线性回归模型。若故障特征向量 X 含有 p 个不同特征值,即 $X=(X_1,X_2,\cdots,X_p)$,假设特征值之间存在线性或非线性关系,这种关系既可以是一对一的,也可以是一对多的,因此,需要通过训练建立 VPM 以便识别不同的故障模式[238-241]。

以特征向量 $X=(X_1,X_2,\cdots,X_p)$ 为例,针对特征值 X_i 定义的 VPM_i,可以选择如下四种模型之一。

(1)线性 VPM:

$$X_i=b_0+\sum_{j=1}^{r}b_jX_j \tag{7.1}$$

(2)线性交互 VPM:

$$X_i=b_0+\sum_{j=1}^{r}b_jX_j+\sum_{j=1}^{r}\sum_{k=j+1}^{r}b_{jk}X_jX_k \tag{7.2}$$

(3)二次 VPM:

$$X_i=b_0+\sum_{j=1}^{r}b_jX_j+\sum_{j=1}^{r}b_{jj}X_j^2 \tag{7.3}$$

(4)二次交互 VPM:

$$X_i=b_0+\sum_{j=1}^{r}b_jX_j+\sum_{j=1}^{r}b_{jj}X_j^2+\sum_{j=1}^{r}\sum_{k=j+1}^{r}b_{jk}X_jX_k \tag{7.4}$$

其中,$r\leqslant p-1$ 为模型阶数。

对于 p 个特征值问题,以特征值 X_i 为被预测变量,特征值 $X_j(j\neq i)$ 为预测变量,使用上述模型之一对 X_i 进行预测,得到

$$X_i=f(X_j,b_0,b_j,b_{jj},b_{jk})+e \tag{7.5}$$

式(7.5)称为变量 X_i 的变量预测模型 VPM_i,其中,b_0,b_j,b_{jj},b_{jk} 为模型参数,e 为预测误差,模型参数可由训练样本的特征值建立方程解出。

VPMCD 通过训练样本获得不同类别特征值之间的数学模型 VPM,进而用得到的 VPM 对测试样本进行分类预测。模型的训练和测试过程如下:

(1)对于 g 类故障分类问题,每一类故障分别选取 n_k($k=1,2,\cdots,g$)个样本;

(2)对所有训练样本提取特征值得到特征向量 $X=(X_1,X_2,\cdots,X_p)$;

(3)对任意被预测变量 X_i,选择模型类型(上述四种模型之一)、预测变量和模型阶数。对于不同的特征值,其预测模型类型、预测变量和模型阶数都有可能不同;

(4)令 $k=1$,对于第 k 类故障的 n_k 组训练样本中的任一个样本,分别对每一个特征值 X_i 建立模型,因此,对每一个特征值都可以建立 n_k 个方程,然后利用这 n_k 个方程对模型参数 b_0,b_j,b_{jj},b_{jk} 进行参数估计,得到式(7.5)所示的特征值 X_i 的预测模型 VPM_i^k;

(5)令 $k=k+1$,循环步骤(4),至 $k=g$ 结束;

(6)至此,对所有模型类别下的所有特征值都分别建立了预测模型 VPM_i^k,其中 $k=1$,$2,\cdots,g$ 代表不同类别,$i=1,2,\cdots,g$ 代表不同特征值;

（7）提取测试样本的特征向量 $\boldsymbol{X} = (X_1, X_2, \cdots, X_p)$，分别采用上述建立的模型 VPM_i^k $(k = 1, 2, \cdots, g)$ 对其进行预测，得到预测值 $\bar{X}_i^k$，其中 $k = 1, 2, \cdots, g$ 代表不同类别，$i = 1, 2, \cdots, p$ 代表不同特征值；

（8）计算同一类别下所有特征值的预测误差平方和值 $S = \sum\limits_{i=1}^{p} (X_i - \bar{X}_i^k)^2$，并以 S 取最小值为判别函数对预测样本进行分类。例如，若测试样本在第 k 个类别中预测误差平方和值中 S 最小，则将测试样本识别为第 k 类。

7.3 基于 LCD、奇异值分解和 VPMCD 的机械故障诊断方法

7.3.1 基于 LCD、SVD 和 VPMCD 的滚动轴承故障诊断方法

滚动轴承故障诊断可以分为三个步骤：① 振动信号的采集和预处理；② 故障特征的提取；③ 状态识别。由于采集到的振动信号大部分含有噪声干扰，而且大部分振动信号是非线性和非平稳信号，因此，需要对原始信号进行处理以提取敏感故障特征。LCD 是一种有效的非平稳数据处理方法，因此本节考虑采用 LCD 方法对机械故障振动信号进行处理，同时结合奇异值分解（singular value decomposition，SVD）[242,243] 和 VPMCD，提出了一种新的滚动轴承故障诊断方法，主要包含以下三个步骤：

（1）采用 LCD 方法对滚动轴承振动信号分解，得到若干个 ISC 分量；

（2）对包含主要故障信息的前几个 ISC 分量进行 SVD 分解，以此作为特征向量。一般故障信息集中在相对高频部分，选取前四个 ISC 分量组成初始特征向量矩阵，对初始特征向量矩阵进行奇异值分解，得到初始特征向量矩阵的奇异值，再将其作为滚动轴承振动信号的故障特征向量；

（3）通过训练样本和测试样本对基于 VPMCD 的分类器进行训练和测试，实现滚动轴承故障类型的分类。

为了验证方法的有效性，将提出的方法应用于试验数据分析，轴承试验数据美国凯斯西储大学滚动轴承数据中心。测试轴承为 6205-2RS JEM SKF 深沟球轴承，电机负载 1.5 kW，轴承转速为 1 750 r/min，采集正常、内圈故障、外圈故障和滚动体故障（故障直径为 0.533 4 mm，故障深度为 0.279 4 mm）的四种状态的滚动轴承振动信号，数据长度为 2 048，采样频率为 12 kHz。上述四种不同状态滚动轴承振动信号的时域波形如图 7.1 所示。

上述四种状态轴承的振动信号，每种滚动轴承状态的振动信号取 25 个样本，随机选取其中的 10 个作为训练样本，剩余 15 个作为测试样本。采用本节提出的方法对试验数据进行分析，测试样本输出结果如表 7.1 所示。从表 7.1 可以看出，VPMCD 有很好的分类效果，测试样本分类准确率为 100%。这说明本节提出的方法能够有效地实现滚动轴承故障类别的诊断。VPMCD 训练时间较短，且不需要确定额外的参数，如神经网络的层数、支持向量机的核函数和参数的调整等，这也是其优于神经网络和 SVM 之处。

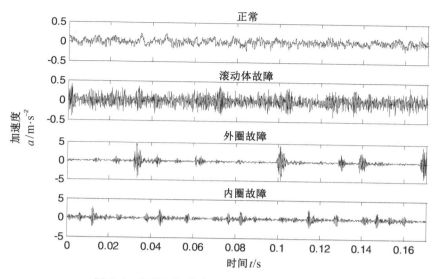

图 7.1　四种不同状态轴承振动信号的时域波形

表 7.1　测试样本的 VPMCD 分类器输出结果

类别	训练样本数目	测试样本数目	VPMCD 输出
正常	10	15	正常(15)
外圈故障	10	15	外圈故障(15)
内圈故障	10	15	内圈故障(15)
滚动体故障	10	15	滚动体故障(15)

7.3.2　基于 LCD、SVD 和 VPMCD 的齿轮故障诊断方法

为了验证方法的普适性,本节将上述提出的机械故障诊断方法应用于齿轮故障数据,步骤如下:

(1)采用 LCD 方法对齿轮振动信号分解,得到若干个 ISC 分量;

(2)对包含主要故障信息的前四个 ISC 分量组成初始特征向量,再对其进行奇异值分解,将分解结果作为特征向量;

(3)将训练样本的特征向量训练基于 VPMCD 的故障分类器,并对测试样本进行测试,实现对齿轮故障的诊断。

为了验证方法的有效性,将提出的方法应用于齿轮试验数据。试验数据考虑齿轮的正常和断齿两种状态。试验装置中,主动齿轮齿数为 75,从动齿轮齿数为 55,断齿故障设置在从动轮上。采集数据时,被测齿轮转速为 1 200 r/min,采样频率为 8 192 Hz,样本点数为 2 048。在所采集的振动信号中,正常和断齿每种状态取 30 个样本,正常和断齿的振动信号时域波形分别如图 7.2 和图 7.3 所示。

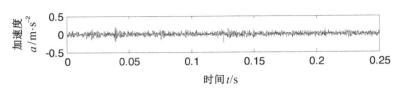

图 7.2 正常齿轮振动信号的时域波形

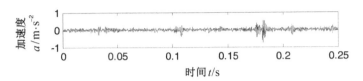

图 7.3 断齿齿轮振动信号的时域波形

理论上正常齿轮的振动信号为随机振动,而断齿齿轮的振动信号具有周期性的脉冲特征,二者较容易区别,但是由于背景噪声的干扰以及采集条件的限制,二者从波形上不易区别。从正常和断齿齿轮两种状态的振动信号中分别随机选取 10 个样本用来训练,20 个样本用来测试,即两类中有 20 组用来训练,40 组用来测试。通过训练样本训练 VPMCD 分类器,之后,将测试样本输入分类器进行测试。输出结果如表 7.2 所示,从表中可以看出,本节提出的方法有很好的效果,测试样本准确率为 100%。这说明本节提出的故障诊断方法也适用于齿轮故障诊断。

表 7.2 测试样本 VPMCD 分类器输出结果

类别	训练样本数目	测试样本数目	VPMCD 输出
正常	10	20	正常(20)
断齿	10	20	断齿(20)

7.4 基于 PELCD、拉普拉斯分值和 VPMCD 的滚动轴承故障诊断模型

由于大部分滚动轴承振动信号是非线性和非平稳信号,因此其故障诊断的关键是如何从非线性和非平稳信号中提取故障特征信息。本书在第 2 章提出的 LCD 方法能够自适应地将一个非平稳信号分解为若干个内禀尺度分量(ISC)和一个趋势项之和,LCD 已经被应用于机械设备故障诊断,并取得了良好的效果。但 LCD 也存在一个很重要的缺陷,即模态混叠。本书第 4 章第 2 节提出了一种抑制 LCD 模态混叠的方法——部分集成局部特征尺度分解(PELCD),PELCD 通过向待分析信号添加符号相反的一对白噪声,对加噪信号依据频率高低逐层进行集成平均分解,在检测出引起模态混叠的高频间歇和噪声等异常事件后,将它们从原始信号中分离,再对得到的剩余信号进行完整 LCD 分解。PELCD 不但能够在一定程度上抑制模态混叠的产生,而且克服了原总体平均方法计算量大、分量未必满足 ISC 定义条件等缺陷,因此,具有一定的优越性。不足的是,PELCD 参数的选择具有主观性,本节对其进行了改进,削弱了参数选择对分解结果的影响,并将改进后的 PELCD 方法应用于滚动轴承振动信号的处理。采用 LCD 将振动信号分解为若干个 ISC 分量之和,再提取振动信号时频域特征——

时频熵[244,245]以及前几个 ISC 分量的时域和频域统计特征：①时域：峭度，波形指标，冲击指标，模糊熵；②频域：重心频率，频率标准差，频率均方根[244,246]。

提取上述滚动轴承故障特征信息之后，为了避免特征向量维数过高而引起信息冗余，降低诊断的效率，本节采用拉普拉斯分值(Laplacian score，LS)[247-248]对特征值按照重要程度进行排序，从中选择与故障最为密切的特征值作为特征向量来表征故障的特征，从而降低了特征向量的维数，提高了诊断的速度和效率。如上文所述，VPMCD 基于假设特征值之间存在内在关系建立数学模型，针对不同的类别获得不同的数学模型，采用数学模型对特征值进行预测，把预测结果作为分类的依据，进一步进行分类识别。VPMCD 无需事先选择参数，避免了神经网络的迭代和 SVM 的寻优过程，减少了计算量，是一种有效的模式分类方法。

基于上述分析，提出了一种基于 PELCD，LS 和 VPMCD 的机械故障诊断模型。即：首先，采用 PELCD 对机械振动信号进行分解，得到若干个 ISC 分量；其次，选择前几个包含主要故障信息的 ISC 分量，并分别提取其时域和频域故障特征参数，再提取振动信号的时频域特征值，组成初始特征向量；第三，采用拉普拉斯分值对初始特征向量的各个特征值按照重要性进行排序，并依据分值由小到大的顺序选择前若干个较重要的特征值作为特征向量；最后，将特征向量输入 VPMCD 分类器实现机械故障类型的智能诊断。并通过滚动轴承试验数据验证了该故障诊断模型的有效性。

7.4.1 部分集成局部特征尺度分解方法

7.4.1.1 PELCD 算法

对于一个复杂信号 $S(t)$，PELCD 的分解步骤简述如下：

(1)假设待分解信号为 $S(t)$，添加符号相反的白噪声到 $S(t)$，即

$$S_i^+(t) = S(t) + an_i(t) \tag{7.6a}$$
$$S_i^-(t) = S(t) - an_i(t) \tag{7.6b}$$

其中，$n_i(t)$ 表示添加的白噪声，a 表示添加白噪声幅值，$i=1,2,\cdots,Ne$，Ne 表示添加白噪声对数。

(2)分别对 $S_i^+(t)$ 和 $S_i^-(t)$ 进行一阶 LCD 分解，得到一系列 $\{I_{i1}^+(t)\}$ 和 $\{I_{i1}^-(t)\}$，通过对 $2Ne$ 次试验集成平均得到

$$I_1(t) = \frac{1}{2Ne} \sum_{i=1}^{Ne} [I_{i1}^+(t) + I_{i1}^-(t)] \tag{7.7}$$

(3)检测 $I_1(t)$ 是否是高频间歇或噪声，如果是，再分别对 $S_i^+(t)$ 和 $S_i^-(t)$ 进行下一阶 LCD 分解，直至第 p 阶分量 $I_p(t)$ 不是高频间歇或噪声，将已分解的前 $p-1$ 个分量从原始信号 $S(t)$ 中分离，得到剩余信号 $r(t)$，即

$$r(t) = S(t) - \sum_{j=1}^{p-1} I_j(t) \tag{7.8}$$

(4)再对剩余信号 $r(t)$ 进行完整 LCD 分解。

其中，第(3)步高频间歇或噪声的检测方法是基于排列熵的随机性检测，通过设置排列熵阈值(设为 0.6)来实现分解的自适应性，但是排列熵阈值的选择具有主观性，且添加白噪声幅值和数目也依据主观选择，本节对 PELCD 方法进行了如下方式的改进。

①向待分解信号 $S(t)$ 添加一对幅值为 a_k 但符号相反的白噪声，其中 $a_k = 0.05k\,\mathrm{SD}$，$k=1,2,\cdots,8$，SD 为原始信号的标准差，集成次数 Ne 固定为 100(即添加白噪声对数为 50)。

②对加噪信号执行完整 LCD 分解再集成平均，依据分解正交性指标(IO)最小和得到的

分量个数最少选择最优分解结果。

③$i=1$,计算最优分解每一阶 ISC 分量 $I_i(t)$ 排列熵值 PE_i。

(I)$i=i+1$。若 $i=p$ 时,$PE_{p-1}>0.6$ 且 $PE_p<0.4$,则对剩余信号 $r_{p-1}(t)=S(t)-\sum_{j=1}^{p-1}I_j(t)$ 进行完整 LCD 分解;

(II)若 $0.6\geqslant PE_p\geqslant0.4$,则分别对剩余信号 $r_{p-1}(t)$ 和 $r_p(t)$ 进行完整 LCD 分解,再依据 IO 最小选择分解结果;

(III)若 $0.6\geqslant PE_{p-1}>PE_p\geqslant0.4$,则对剩余信号 $r_{p-2}(t)$,$r_{p-1}(t)$ 和 $r_p(t)$ 分别进行完整 LCD 分解,再依据分量正交性最小选择分解结果,依此类推。

由于 PELCD 成对地添加白噪声,减小了噪声残留,保证了分解的完备性,同时通过及时检测间歇或噪声等引起分解模态混叠的高频信号,避免了不必要的集成平均,不但能够抑制模态混叠,而且使得更多分量满足 ISC 判据条件。

7.4.1.2 仿真分析

为了说明 PELCD 的有效性,首先考虑如图 7.4 所示的仿真信号 $x=x_1+x_2$,其中 $x_1=\cos(2\pi10t)$,x_2 是由两段频率为 100 Hz,幅值为 0.1 的正弦信号构成的间歇信号。

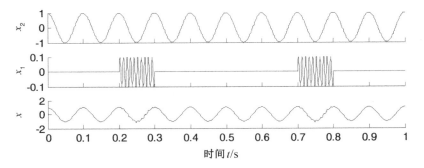

图 7.4　仿真信号 x 及各成分的时域波形

首先,分别采用 LCD 和 PELCD 对混合信号分解,结果分别如图 7.5 和图 7.6 所示,图中 C_i 表示第 i 个 ISC 分量,r_i 表示剩余项。由图 7.5 可以看出,LCD 分解出现了严重的模态混叠,得到的 ISC 分量失去了物理意义。而由图 7.6 可以看出,PELCD 能够有效和准确地将余弦信号从高频间歇中分离出来,C_3 对应真实分量 x_1。为了说明 PELCD 抑制模态混叠的能力,采用公认的抑制分解模态混叠效果比较有效的 EEMD 方法对上述信号进行分解,结果如图 7.7 所示。从图 7.7 中可以看出,虽然 EEMD 也能够将余弦信号从高频间歇信号中分离出来,但是分解出现了虚假分量 C_3 和 C_5,其中 C_4 和 C_5 具有相同的频率。因此,比较而言,PELCD 分解结果是最优的。

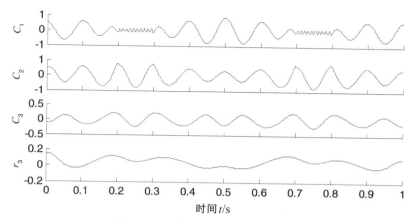

图 7.5　仿真信号 x 的 LCD 分解结果

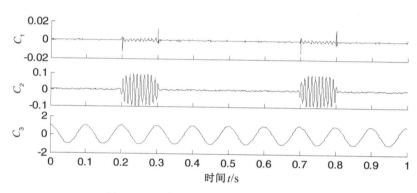

图 7.6　仿真信号 x 的 PELCD 分解结果

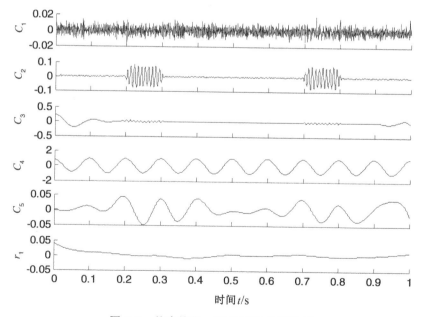

图 7.7　仿真信号 x 的 EEMD 分解结果

由于调制与冲击是机械发生故障的两种典型形式[244]，因此，构造图 7.8 所示故障模拟信号，其中 $x_1(t)$ 为背景干扰噪声，$x_2(t)$ 为故障高频冲击信号，$x_3(t)$ 表示恒定转速正弦信号，$x_4(t)$ 为调制信号，$x_5(t)$ 为趋势项，$x(t)$ 为前五者的混合信号。采用 PELCD 对混合信号 $x(t)$ 进行分解，结果如图 7.9 所示。由图 7.9 可以看出，PELCD 分解得到的分量 $I_1(t)$，$I_2(t)$，$I_3(t)$，$I_4(t)$ 和趋势项 $r_4(t)$ 分别对应为 $x_1(t)$，$x_2(t)$，$x_3(t)$，$x_4(t)$ 和趋势项 $x_5(t)$，除了第一个背景噪声分量外，其他分量与真实信号的相关性系数分别为 0.976 7，0.993 9，0.986 9 和 0.998 7。这说明 PELCD 能够从混合信号中精确地提取出冲击、转速和调制成分，因此，PELCD 适合处理滚动轴承振动信号。

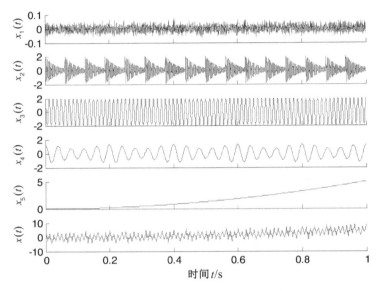

图 7.8 故障模拟信号及各成分时域波形

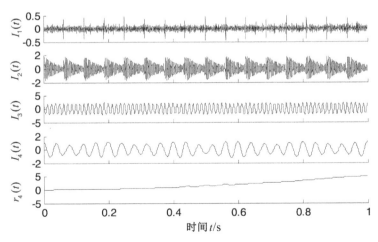

图 7.9 故障模拟信号 PELCD 分解结果

7.4.2 特征量的提取、选择与识别

7.4.2.1 特征量的提取

由于不同故障的振动信号的特征不同，并非分解得到的所有分量都对故障诊断有贡献，故

障特征分量只集中在某一个或特定的几个分量,而其他的分量对故障的诊断贡献不大,将其作为特征参数势必会造成信息的冗余;不仅如此,由于滚动轴承振动信号特征的复杂性,基于单一时域或频域的特征提取方法有一定的局限性,需要同时提取振动信号的时域和频域特征。雷亚国等在文献[244]中同时提取 IMF 分量的时域和频域特征:标准差,峭度,波形指标,冲击指标和频率标准差等,具有很好的诊断效果。然而,提取特征因子过多会导致特征向量维数较高,影响故障诊断的速度和效率。因此,本节选择如下特征值,时域:峭度(kurtosis,KS),波形指标(shape factor,SF),冲击指标(impact factor,IF),模糊熵(fuzzy entropy,FE);频域:重心频率(frequency gravity,FG),频率标准差(FSTD),频率均方根(FRMS),时频域:时频熵(time frequency entropy,TFE)。对上述特征值的物理意义作如下说明:时域特征(峭度,波形指标,冲击指标)和频域特征(重心频率,频率标准差,频率均方根等)是基于统计学的特征物理量,反映了振动信号时域和频域的幅值和能量以及波动情况的变化,当振动信号发生变化时,这些特征能够从时域和频域同时准确地监测到,因此它们能够有效地表征机械振动信号的故障特征[217,220,249,250]。模糊熵与样本熵类似,是一种衡量时间序列复杂性程度的非线性动力学参数,时间序列越复杂,自相似性越低,熵值越大,序列越规则,自相似性越高,熵值越小。但模糊熵中相似性度量函数采用模糊函数取代样本熵中的阶跃函数,使得熵值随参数的不同而平缓变化。此外,当机械设备出现故障时,不仅振动信号的时域和频域特征会发生变化,而且时频联合分布和能量特征往往也会发生变化,不同故障类型振动信号在时频分布上的差异也不相同,主要表现为时频平面上不同的时频块的能量分布的差异,各时频块能量分布的均匀性则反映了机器运行状态的差别。信息熵是概率分布均匀程度的度量,若将时频平面等分为 N 个面积相等的时频块,每块内的能量为 E_i($i=1,2,\cdots,N$),整个时频平面的能量为 $E=\sum\limits_{i=1}^{N}E_i$,对每块进行能量归一化,得 $p_i=E_i/E$,于是有 $\sum\limits_{i=1}^{N}p_i=1$,符合信息熵的初始归一化条件,依据信息熵的计算公式,时频熵可定义为: $En=-\sum\limits_{i=1}^{N}p_i\ln p_i$ [244,245]。

综上,本节提取振动信号分解分量具有物理意义的时域和频域统计特征和复杂度,以及振动信号的时频熵,从时域和频域以及时频联合域共同监测振动信号的能量、幅值和复杂度的变化,及时和准确地从多个角度反映振动信号故障变化特征。

7.4.2.2 基于拉普拉斯分值的特征选择

以上提取的故障特征虽然能够从不同的角度来反映故障程度和类型,但是它们对于不同的故障具有不同的敏感程度,一部分特征与故障密切相关,另一部分则是无关或者冗余的特征;如果将上述提取的全部特征值作为特征值,则特征向量维数过高,易造成信息的冗余和分类耗时。因此,在特征向量集输入分类器之前,如果能够将上述特征量,按照与故障密切相关程度从高到低进行排序,再采用与故障特征相关程度较高的特征量进行训练和测试,不但可以提高分类的性能,避免维数灾难,而且更能够提高故障诊断的速度和效率。

特征选择与降维方法有很多,特征提取的方法总体分为两大类:过滤式和嵌入式[251]。过滤式是指特征提取的算法与分类器的训练算法无关,而嵌入式是指特征提取的算法与分类器的训练算法直接相关。一般而言,过滤式的方法容易执行且运行效率高,而嵌入式的方法选出的特征向量虽然可靠,但是计算量非常大[251]。

费舍尔分值(fisher score,FS)是一种特征向量定长转换的过滤式特征选择方法[252,253],核心思想是将一个可变长度的向量映射到一个固定维空间,在这个空间向量的长度是相等的。FS的原理是通过估计每个特征向量对不同类属性的区分能力,从而得出所有特征的排序。但是FS中每个特征向量的重要性只是由均值和方差的比值来衡量,对于一些高维的数据集,FS特征选取的效果并不可靠[251]。

拉普拉斯特征映射(Laplacian eigenmaps,LE)是用一个无向有权图来描述一个流形[254,255],然后通过用图的嵌入把这个图从高维空间中重新画在一个低维空间中,LE通过直接对原始高维特征进行学习,提取数据内在的流形特征,将复杂的模式空间转化为低维的特征空间,在特征空间中进行模式分类,LE很好地反映出了数据内在的流形结构和保留了数据内含的整体几何结构信息。但是其适用性依赖于具体的问题,而且还存在算法控制参数的有效确定,样本流形特征的物理意义难以解释等问题。

拉普拉斯分值(Laplacian score,LS)以拉普拉斯特征值映射和局部保持投影为基础[248],是一种将复杂的高维特征空间转化为简单的低维特征空间的方法,其基本思想是通过局部保持能力来评估特征值,通过直接对特征集进行学习,提取数据内在的信息结构,在特征空间中选取分值较小的特征。LS可以极大地保留故障信号特征集合中内含的整体几何结构信息,从而更有利于故障判别与诊断。

基于LS的特征选择步骤如下[247,248]:

令 L_r 为第 r 个特征值的拉普拉斯分值,f_{ri} 为第 i 个样本的第 r 个特征值($i=1,2,\cdots,m$)。

(1)用 m 个样本点构建一个近邻图 G,第 i 个节点对应 x_i。若 x_i 与 x_j 足够"近",比如,x_i 是 x_j 的 k 近邻节点或者 x_j 是 x_i 的 k 近邻节点(本节中 $k=5$),则有边连接,否则没有边连接。当节点的标号已知时,可以在同一标号的两节点之间连接一条边。

(2)如果节点 i 与节点 j 是连通的,则令

$$S_{ij} = \exp(-\parallel x_i - x_j \parallel^2 / t) \tag{7.9}$$

其中 t 是一个合适的常数;否则,令 $S_{ij} = 0$。

加权矩阵 $\boldsymbol{S}$ 称为图 G 的相似矩阵,用来衡量近邻样本点之间的相似性,描述了数据空间的固有局部几何结构。

(3)对于第 r 个特征,定义

$$\boldsymbol{f}_r = (f_{r1}, f_{r2}, \cdots, f_{rm})^T, \boldsymbol{D} = \mathrm{diag}(SI), \boldsymbol{I} = (1, \cdots, 1)^T, \boldsymbol{L} = \boldsymbol{D} - \boldsymbol{S} \tag{7.10}$$

矩阵 $\boldsymbol{L}$ 称为图的拉普拉斯矩阵。为了避免由于某些维度数据差异很大而主导近邻图的构造,对各个特征进行去均值化处理得到:

$$\widetilde{\boldsymbol{f}}_r = \boldsymbol{f}_r - \frac{\boldsymbol{f}_r^T \boldsymbol{D} \boldsymbol{I}}{\boldsymbol{I}^T \boldsymbol{D} \boldsymbol{I}} \boldsymbol{I} \tag{7.11}$$

(4)计算第 r 个特征值的拉普拉斯分值 L_r:

$$L_r = \frac{\sum_{ij}(f_{ri} - f_{rj})^2 S_{ij}}{\mathrm{Var}(\boldsymbol{f}_r)} = \frac{\widetilde{\boldsymbol{f}}_r^T \boldsymbol{L} \widetilde{\boldsymbol{f}}_r}{\widetilde{\boldsymbol{f}}_r^T \boldsymbol{D} \widetilde{\boldsymbol{f}}_r} \tag{7.12}$$

其中,$\mathrm{Var}(\boldsymbol{f}_r)$ 为第 r 个特征值的方差。对于一个较好的特征值,S_{ij} 越大,$(f_{ri} - f_{rj})^2$ 越小,LS也越小,表明样本在该特征上的差异越小,即该特征的局部信息保持能力越强。计算每一个特征值的得分,并对这些特征值的得分从低到高进行排序,排在越前的特征越重要。特征得分与特征重要性成反比,特征得分越低,该特征越具有特征选择的重要性。拉普拉斯分值选取 L_r 值最小的前若干个特征值作为最优的特征选择结果。因此,本节LS选择与故障特征信

息最相关的特征值。

接下来,需要采用合适的模式识别的方法对故障类型和故障程度进行分类,以减少人为经验的影响和实现故障类别的智能诊断。VPMCD基于假设特征值之间存在内在关系建立数学模型,针对不同的类别获得不同的数学模型,采用数学模型对特征值进行预测,把预测结果作为分类的依据,进一步进行分类识别。VPMCD无需事先选择参数,避免了神经网络的迭代和SVM的寻优过程,减少了计算量,是一种有效的分类方法。基于此,本节提出了一种基于PELCD,LS和VPMCD的滚动轴承故障诊断方法,并通过实验数据验证了方法的有效性。

7.4.3 基于 PELCD、LS 和 VPMCD 的滚动轴承故障诊断模型

本节提出的滚动轴承故障诊断模型,包含如下四个步骤:

(1)首先采用PELCD对滚动轴承每个原始振动信号进行分解,得到若干个ISC分量;

(2)选择前三个ISC分量,提取它们的时域和频域特征值以及振动信号的时频熵,由此组成初始特征向量,即:提取前三个分量 $I_1(t)$、$I_2(t)$ 和 $I_3(t)$ 的特征参数:KS,SF,IF,FE,FG,FSTD,FRMS,再提取振动信号的时频熵 TFE。于是可构建特征向量:$\boldsymbol{T} =$ (TFE,KS_1,SF_1,IF_1,KS_2,SF_2,IF_2,KS_3,SF_3,IF_3,FE_1,FE_2,FE_3,FG_1,$FSTD_1$,$FRMS_1$,FG_2,$FSTD_2$,$FRMS_2$,FG_3,$FSTD_3$,$FRMS_3$)。$\boldsymbol{T}$ 的维数为 1×22,为方便,$\boldsymbol{T}$ 的各对应特征值记为 T_i,$i = 1$,$2,\cdots,22$。

(3)计算由初始特征向量 $\boldsymbol{T}$ 组成的初始特征向量矩阵的LS分值,依据分值由低到高对特征量进行排序,选择分值较小的前若干个特征量作为最优特征向量。

(4)将最优特征向量输入VPMCD分类器进行训练和测试,实现滚动轴承故障诊断。

为了验证本节提出的滚动轴承故障诊断模型的有效性,采用滚动轴承试验数据对其进行验证。试验数据来自美国凯斯西储大学滚动轴承数据中心,试验数据说明如表7.3所示,各类信号的时域波形如图7.10所示。

上述试验数据中,故障类型分为外圈故障、内圈故障和滚动体故障,每种故障程度可分为轻微故障和重度故障,加上正常状态,共七种状态类别,每一类取 15 个样本作为训练,10 个样本作为测试,共得到 105 个训练样本,70 个测试样本。

表 7.3 试验数据类别描述

训练样本数目	测试样本数目	故障类型	故障程度	故障大小　单位:mm	类标
15	10	正常	无	0	1
15	10	内圈故障	轻微	0.177 8	2
15	10	内圈故障	重度	0.533 4	3
15	10	外圈故障	轻微	0.177 8	4
15	10	外圈故障	重度	0.533 4	5
15	10	滚动体故障	轻微	0.177 8	6
15	10	滚动体故障	重度	0.533 4	7

首先,采用PELCD分别对每一类的每个振动信号进行分解,得到若干个ISC分量。

其次,提取前三个分量 $I_1(t)$,$I_2(t)$ 和 $I_3(t)$ 的上述特征参数和振动信号的时频熵,构建特征向量 $\boldsymbol{T}$,$\boldsymbol{T} = (T_i)_{1 \times 22}$。

第三,将 105 个训练样本的特征向量 $\boldsymbol{T}$ 组成初始特征向量矩阵 $\boldsymbol{C}$(维数为 105×22)。计

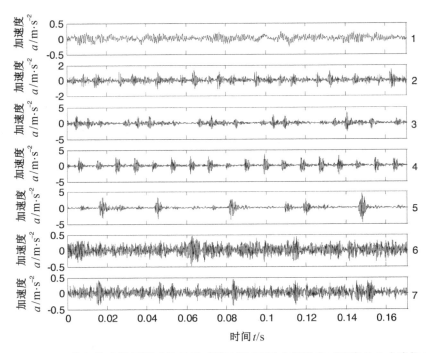

图 7.10　正常和故障轴承振动信号的时域波形(图形右端数字对应表 7.3 中类标)

算矩阵 C 各特征向量的 LS,将 22 个特征向量按照 LS 从小到大进行排序,选择分值较小的前五个特征值作为最优特征量(最优特征量个数用 J 表示)形成最优特征向量矩阵 $\hat{C}$。

对于上述试验数据,LS 由低到高的顺序为:

$$\mathrm{LS}(T_{14})<\mathrm{LS}(T_{16})<\mathrm{LS}(T_1)<\mathrm{LS}(T_3)<\mathrm{LS}(T_{19})<\mathrm{LS}(T_{11})<\mathrm{LS}(T_6)<\mathrm{LS}(T_{17})<$$
$$\mathrm{LS}(T_{12})<\mathrm{LS}(T_{22})<\mathrm{LS}(T_5)<\mathrm{LS}(T_{20})<\mathrm{LS}(T_2)<\mathrm{LS}(T_7)<\mathrm{LS}(T_{18})<\mathrm{LS}(T_{13})<\mathrm{LS}(T_4)$$
$$<\mathrm{LS}(T_9)<\mathrm{LS}(T_{21})<\mathrm{LS}(T_8)<\mathrm{LS}(T_{10})<\mathrm{LS}(T_{15})$$

即前五个最优特征值依次为:第一个分量 $I_1(t)$ 的重心频率,第一个分量 $I_1(t)$ 均方根频率,原始信号的时频熵,第一个分量 $I_1(t)$ 的波形指标,第二个分量 $I_2(t)$ 的均方根频率。这说明分解得到的第一个分量 $I_1(t)$ 包含了重要的故障信息,这与文献[244]的结果是一致的。

最后,将最优特征向量矩阵 $\hat{C}$(维数 105×5)输入 VPMCD 分类器进行训练,得到各个类别的变量预测模型。依据特征矩阵 $\hat{C}$ 提取 70 个测试样本的五个最优特征值(为了与下文比较,仍提取了每个振动信号的 22 个特征值),得到训练样本 70×5 的特征矩阵 $\hat{D}$,将 $\hat{D}$ 输入已训练的 VPMCD 分类器。测试样本的 VPMCD 输出结果、训练用时及测试样本的识别率如表 7.4 所示。由表 7.4 可以看出,本节提出的方法有很好的分类效果,不仅实现了故障类别的区分,而且也实现了故障程度不同的区分,测试样本的故障识别率较高(100%)。

显然,特征向量的维数对诊断结果有重要的影响,若特征向量的维数过小,即特征值个数较少,则无法完全反映和区分故障类型和故障程度,诊断效率不高;若特征值个数较多,则会造成信息的冗余,训练耗时,降低诊断效率。为了比较,本节选择经过 LS 排序后前 J 个特征值($J=3,4,5,6,7$)作为特征向量输入 VPMCD 分类器,训练样本和测试样本个数不变,经过训练建立预测模型,测试样本的输出结果、训练耗时及测试样本的识别率如表 7.4 所示。从表

7.4中可以看出特征向量个数对故障诊断结果的影响,特征向量个数过多或过少都不宜。同时表7.4的结论也验证了本节提出的故障诊断模型中选择前五个特征量是可行且合理的。

为了说明 LS 优化特征向量的必要性及优越性,本节选择未经过 LS 排序的前 J 个特征量($J=3,4,5$)作为特征向量输入 VPMCD 分类器,训练样本和测试样本个数不变,经过训练建立预测模型,测试样本的输出结果、训练用时及测试样本的识别率如表7.5所示。对比表7.4和表7.5易发现,由于特征向量未经过 LS 优化,对相同的 VPMCD 分类器,分别选择前四个和前五个特征值作为特征向量进行训练,测试样本的识别率明显要比经过 LS 优化后的特征向量作为输入特征向量的测试样本的识别率要低,这说明 LS 对特征值进行排序优化具有一定的优越性和必要性。

表7.4　优化特征向量不同时测试样本的 VPMCD 输出结果

测试样本	所属类别	VPMCD ($J=3$)	VPMCD ($J=4$)	VPMCD ($J=5$)	VPMCD ($J=6$)	VPMCD ($J=7$)
$X_{1,1} \sim X_{1,10}$	1	1(9),2(1)*	1(10)	1(10)	1(10)	1(10)
$X_{2,1} \sim X_{2,10}$	2	2(10)	2(10)	2(10)	2(10)	2(10)
$X_{3,1} \sim X_{3,10}$	3	3(10)	3(10)	3(10)	3(10)	3(10)
$X_{4,1} \sim X_{4,10}$	4	4(10)	4(10)	4(10)	4(10)	4(10)
$X_{5,1} \sim X_{5,10}$	5	5(7),7(3)	5(10)	5(10)	5(10)	5(10)
$X_{6,1} \sim X_{6,10}$	6	6(10)	6(10)	6(10)	6(9),7(1)	6(5),7(5)
$X_{7,1} \sim X_{7,10}$	7	7(10)	7(10)	7(10)	7(10)	7(10)
训练耗时/s		0.081 9	0.224 5	0.639 1	1.736 9	4.526 1
故障识别率		94.29%	100%	100%	98.57%	92.86%

* 表示10个测试样本,9个输出为1类,1个错分为2类,其他意义同。

表7.5　特征量未 LS 优化时测试样本的 VPMCD 输出结果

测试样本	所属类别	VPMCD($J=3$)	VPMCD($J=4$)	VPMCD($J=5$)
$X_{1,1} \sim X_{1,10}$	1	1(10)	1(10)	1(10)
$X_{2,1} \sim X_{2,10}$	2	2(10)	2(10)	2(10)
$X_{3,1} \sim X_{3,10}$	3	3(10)	3(10)	3(10)
$X_{4,1} \sim X_{4,10}$	4	4(10)	4(10)	4(10)
$X_{5,1} \sim X_{5,10}$	5	5(10)	5(10)	5(10)
$X_{6,1} \sim X_{6,10}$	6	6(10)	6(9),7(1)	6(10)
$X_{7,1} \sim X_{7,10}$	7	7(8),6(2)	7(10)	7(8),6(2)
训练耗时/s		0.081 9	0.224 5	0.639 1
故障识别率		97.14%	98.57%	97.14%

此外,为了说明 VPMCD 分类器的优越性,采用常用的 BP 神经网络(BP nerve network, BPNN)分类器重复同样的分类过程,其中网络结构的隐含层20层,输出层7层,训练目标为

0.001,最大训练次数为 6 000,其他参数为默认设置。特征向量分别由 LS 优化后的前四个和前五个特征值组成,训练样本和测试样本个数不变,通过训练 BPNN 分类器,测试样本的输出结果、训练用时及测试样本的识别率如表 7.6 所示。表 7.6 和表 7.4 对比易发现,对于相同的特征向量,BPNN 的识别率要低于 VPMCD,且耗时较多,这说明 VPMCD 在耗时方面要优于 BPNN,是一种有效的故障分类方法。

表 7.6　LS 优化的特征量训练的 BP 神经网络的测试样本输出结果

测试样本	所属类别	BPNN($J=4$)	BPNN($J=5$)
$X_{1,1} \sim X_{1,10}$	1	1(10)	1(10)
$X_{2,1} \sim X_{2,10}$	2	2(10)	2(10)
$X_{3,1} \sim X_{3,10}$	3	3(10)	3(10)
$X_{4,1} \sim X_{4,10}$	4	4(10)	4(10)
$X_{5,1} \sim X_{5,10}$	5	5(10)	5(10)
$X_{6,1} \sim X_{6,10}$	6	6(10)	6(10)
$X_{7,1} \sim X_{7,10}$	7	7(8),6(2)	7(8),6(2)
训练耗时/s		14.734	20.437
故障识别率		97.14%	97.14%

本节提出的一种基于 PELCD,LS 和 VPMCD 的滚动轴承故障诊断模型,该模型具有以下特点:

(1)PELCD 克服了 LCD 分解的模态混叠问题,并对原 PELCD 方法中的参数进行了优化,使得 PELCD 对振动信号的分解结果更为精确,是一种有效的数据分析方法;

(2)同时提取振动信号时域、频域和时频域特征值,多角度反映故障特征;

(3)针对提取特征值维数较多,容易造成信息冗余和维数灾难的问题,采用拉普拉斯分值特征选择降低特征向量维数,依据分值选择与故障关系最为密切的特征值,有效地降低了诊断时间,提高了诊断效率;

(4)VPMCD 通过对特征值间的内在关系进行预测,无需事先选择参数,自适应地选择最优预测模型实现模式的分类。试验数据表明,与 BP 神经网络相比,VPMCD 在精确性和节约训练时间方面有一定的优越性。

7.5　基于 MFE、LS 和 VPMCD 的滚动轴承故障诊断

故障诊断的难点是故障特征的提取,由于多尺度模糊熵从非线性动力学的角度,衡量时间序列的复杂性变化,因此,是一种有效的振动信号复杂性度量方法。当机械设备发生故障时,由于不同的故障发生在不同的频段,因此,对应频段的复杂性也会发生变化,不同故障的不同频段的复杂性不同。由于多尺度模糊熵(参见本书第 6 章第 4 节)的优越性,同时结合 LS 特征选择和 VPMCD 模式识别,提出了一种新的滚动轴承故障诊断方法,步骤如下:

(1)对滚动轴承每一个振动信号计算其多尺度模糊熵,其中参数 $m=2$, $n=2$, $r=0.15SD$, $N=4\ 096$,最大尺度因子 $\tau_{max}=20$,因此可以得到 20 个尺度的特征值,组成振动信号

的初始特征向量；

（2）采用 LS 对初始特征向量的 20 个特征向量，依据它们与故障信息的关系密切程度和重要程度，按照得分从低到高进行排序；

（3）选择具有最低得分的前五个特征值，组成新的故障敏感特征向量，用于训练和测试；

（4）采用训练和测试样本的故障敏感特征向量来训练和测试基于 VPMCD 的多故障分类器，从而实现滚动轴承的智能诊断。

方法流程如图 7.11 所示。方法中选择前五个特征值作为故障的敏感特征向量，主要是因为特征值太多，训练较耗时，而且容易造成信息冗余，特征值太少不能完全反映故障信息，导致诊断效率低。下文也将通过实验验证选择五个特征值作为特征向量是合理的。

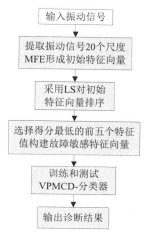

图 7.11　基于 MFE，LS 和 VPMCD 的故障诊断流程图

采用美国凯斯西储大学电气工程实验室的滚动轴承试验数据对提出的方法的可行性进行验证。数据采集状态为：转速 1 797 r/min，采样频率 12 000 Hz，使用的数据描述如表 7.7 所示。

数据包括 244 个样本，每个样本长度为 4 096 个点，从 244 个样本中依据表 7.7 中表述，随机选择 85 个样本作为训练样本，剩余 159 个样本作为测试样本。正常和故障滚动轴承振动信号的时域波形与对应频谱分别如图 7.12(a)和(b)所示。

表 7.7　试验所用数据描述

故障类型	故障大小	故障程度	训练样本数目	测试样本数目	类标
滚动体	0.177 8 mm	轻微故障	10	18	1
	0.711 2 mm	超重度故障	10	18	2
外圈	0.177 8 mm	轻微故障	10	18	3
	0.533 4 mm	重度故障	10	18	4
内圈	0.177 8 mm	轻微故障	10	18	5
	0.355 6 mm	中度故障	10	18	6
	0.533 4 mm	重度故障	10	18	7
正常	0	0	15	33	8

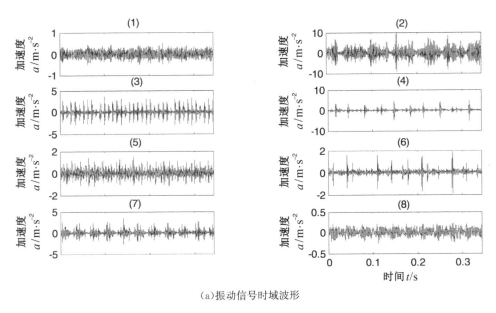

（a）振动信号时域波形

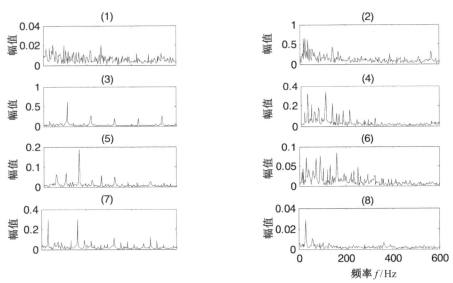

（b）振动信号频谱

图 7.12　振动信号的时域波形与频谱（图中上方数字代表类标）

尽管 MFE 能够用来表征振动信号的复杂性特征，但是仅仅通过观察 MFE 曲线很难区分上述 8 类不同的故障类型和故障程度。为了实现滚动轴承故障的自动化提高故障诊断决策的效率，下文建立了基于 VPMCD 的多故障分类器。

但是，将 20 个尺度的 MFE 值作为特征向量维数较高，会增加训练耗时和计算复杂性，而且与故障无关的信息将会影响分类器的诊断效率。为了降低特征向量的维数，选择最优的特征向量，LS 特征选择方法被用来对 20 个尺度的 MFE 值依据重要性进行排序。全部数据集分为 85 个训练样本和 159 个测试样本，相应地，得到 244 个维数为 1×20 的特征向量。

通过采用 LS 对训练样本的 MFE 值进行学习和重新排序，结果如下：

$\text{LS}_6 < \text{LS}_1 < \text{LS}_5 < \text{LS}_3 < \text{LS}_{10} < \text{LS}_2 < \text{LS}_9 < \text{LS}_8 < \text{LS}_7 < \text{LS}_{12} < \text{LS}_{11} < \text{LS}_{17} < \text{LS}_{15}$
$< \text{LS}_{13} < \text{LS}_{20} < \text{LS}_{16} < \text{LS}_{18} < \text{LS}_{14} < \text{LS}_{19} < \text{LS}_4$

重新排序后的 MFE 值如图 7.13(b)所示。然后,将具有最小得分的前五个特征值,也就是最重要的五个特征值(即尺度为 6,1,5,3,10 的模糊熵值)重新组成最优的故障敏感特征向量。将得到的敏感特征向量作为 VPMCD 分类器的输入和输出,对其进行训练和测试。在采用训练样本训练好分类器之后,本节将全部数据集(训练样本和测试样本)的敏感特征向量用来测试,结果如图 7.14 所示。图中给出了实际输出和期望输出的比较。从图中可以看出,全部的数据样本都得到了正确识别和分类,对全部训练和测试样本的识别率达到了 100%。

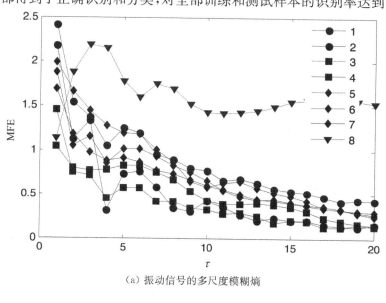

(a) 振动信号的多尺度模糊熵

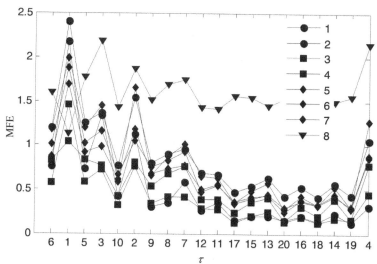

(b) LS 重新排序后振动信号的多尺度模糊熵

图 7.13   图 7.12 所示振动信号的多尺度模糊熵

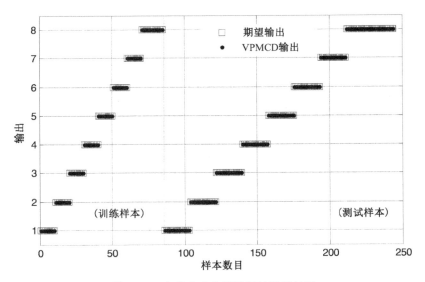

图 7.14　本节方法全部数据的输出结果

　　为了说明 LS 优化特征向量的必要性和优越性,不失一般地,随机选择尺度为 1,3,6,9,12 的模糊熵值作为特征向量,对 VPMCD 分类器进行训练和测试,全部样本的输出结果如图 7.15 所示。从图中易看出,三个具有内圈故障的样本被错分到同类故障但故障程度不同的类别中,故障识别率为 98.77%,要低于本节方法的识别率,这说明 LS 对特征向量进行优化有一定的必要性和优越性。

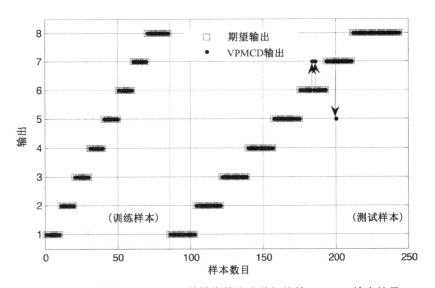

图 7.15　尺度为 1,3,6,9,12 的模糊熵作为特征值的 VPMCD 输出结果

　　同时,为了说明 VPMCD 的优越性,采用 BP 多层神经网络建立多故障分类器,对上述问题进行同样步骤的处理,其中 BP 神经网络中隐含层和输出层分别包含 20 和 8 个节点,训练样本和测试样本与本节方法的数据相同。全部样本的输出结果和输出误差如图 7.16(a)和(b)所示,图中全部样本都得到了正确分类(输出误差全部小于 0.5)。但是,BP 神经网络训练

耗时 11.255 秒,而 VPMCD 仅耗时 0.921 5 秒。

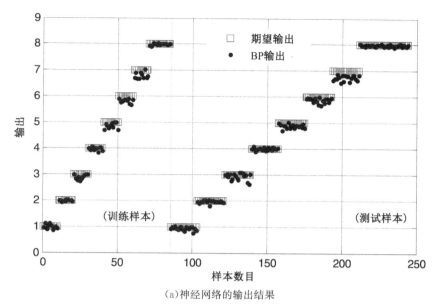

(a)神经网络的输出结果

(b)神经网络输出绝对误差

图 7.16　神经网络的输出结果和输出绝对误差

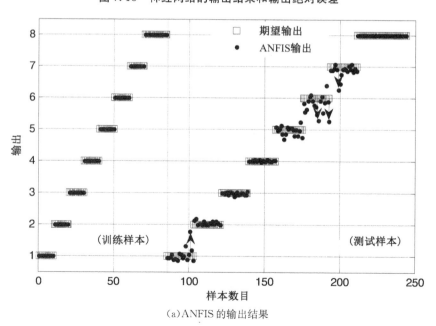

(a)ANFIS 的输出结果

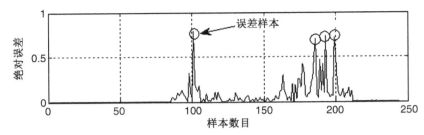

(b)ANFIS 的输出绝对误差

图 7.17　ANFIS 的输出结果和输出绝对误差

此外,另一个基于自适应神经模糊推理系统(ANFIS)的多故障分类器也被用来处理上述分类问题。在 ANFIS 模型中每一个特征向量的元素有三个输入模糊函数[选用"钟形(bell-shaped)"隶属函数]通过对 ANFIS 分类器进行训练和测试,全部数据的 ANFIS 输出结果和输出绝对误差如图 7.17(a)和(b)所示。从图中可以看出,有四个样本被错误分类,故障识别率为 98.36%,而且 ANFIS 训练耗时比 BP 神经网络和 VPMCD 要长得多。以上比较结果表明:对该实验数据,VPMCD 要优于 ANFIS 和 BP 神经网络。

最后,关于特征向量中特征值的个数选择问题,本节选择五个特征值组成特征向量。表7.8 给出了不同个数特征值组成的特征向量进行训练和测试时 VPMCD 的故障识别率。从中可以发现,特征向量中元素个数为五个或六个时比较合适,故障诊断效率最高。这是因为,特征值较少,不能完全反映故障特征信息,而特征值太多则会造成信息冗余,降低诊断效率。

表 7.8　不同个数特征向量元素 VPMCD 的训练耗时与识别率

	3	4	5	6	7
耗时/s	0.112 4	0.302 2	0.940 0	2.112 5	5.674 7
识别率	100%	93.13%	100%	100%	99.59%

参考文献

[1] 荆建平. 旋转机械故障诊断与寿命维护技术若干关键问题研究[D]. 上海：上海交通大学，2004.

[2] 罗洁思. 基于多尺度线调频小波路径追踪的机械故障诊断方法研究[D]. 长沙：湖南大学，2011.

[3] 张亢. 局部均值分解方法及其在旋转机械故障诊断中的应用研究[D]. 长沙：湖南大学，2012.

[4] FAN X, LIANG M, YEAP T, et al. A joint wavelet lifting and independent component analysis approach to fault detection of rolling element bearings[J]. Smart Materials and Structures，2007，16(5)：1973.

[5] BOZCHALOOI I, LIANG M. A joint resonance frequency estimation and in-band noise reduction method for enhancing the detectability of bearing fault signals[J]. Mechanical Systems and Signal Processing，2008，22(4)：915-933.

[6] 何正嘉，陈进，王太勇，等. 机械故障诊断理论及应用[M]. 北京：高等教育出版社，2010.

[7] 冯志鹏，谢宇. 旋转机械振动故障诊断理论与技术进展综述[J]. 振动与冲击，2001，20(4)：36-39.

[8] 胡茑庆. 转子碰摩非线性行为与故障辨识的研究[D]. 长沙：国防科学技术大学，2001.

[9] 罗跃纲，张松鹤，闻邦椿. 转子-轴承系统裂纹-碰摩耦合故障的非线性特性研究[D]. 振动与冲击，2005，24(3)：43-46.

[10] 韩清凯. 故障转子系统的非线性振动分析与诊断方法[M]. 北京：科学出版社，2010.

[11] 高金吉. 高速涡轮机械振动故障机理及诊断方法的研究[D]. 北京：清华大学，1993.

[12] 李辉，郑海起，唐力伟. 基于 EMD 和功率谱的齿轮故障诊断研究[J]. 振动与冲击，2006，25(1)：133-135.

[13] 潘宏侠，姚竹亭. 齿轮传动系统状态检测与故障诊断[J]. 华北工学院学报，2001，22(4)：313-318.

[14] 于德介，程军圣，杨宇. 机械故障诊断的 Hilbert-Huang 变换方法[M]. 北京：科学出版社，2006.

[15] 向玲，唐贵基，胡爱军. 旋转机械非平稳振动信号的时频分析比较[J]. 振动与冲击，2010，29(2)：42-45.

[16] 程军圣. 基于 Hilbert-Huang 变换的旋转机械故障诊断方法研究[D]. 长沙：湖南大学，2005.

[17] NAWAB S, QUATIERI T. Short-time Fourier transform, Advanced topics in signal processing[M]. Upper Saddle River：Prentice-Hall, Inc., 1987：289-337.

[18] SATISH L. Short-time Fourier and wavelet transforms for fault detection in power transformers during impulse tests[J]. IET Science Measurement and Technology，1998，145(2)：77-84.

[19] 轩建平，史铁林，杨叔子，等. Wigner-Ville 时频分布研究及其在齿轮故障诊断中的应用[J]. 振动工程学报，2003，16(2)：247-250.

[20] STASZEWSKI W, WORDEN K, TOMLINSON G. Time-frequency analysis in gearbox fault detection using the Wigner-Ville distribution and pattern recognition[J]. Mechanical systems and signal processing，1997，11(5)：673-692.

[21] LOU X, LOPARO K A. Bearing fault diagnosis based on wavelet transform and fuzzy inference[J]. Mechanical systems and signal processing，2004，18(5)：1077-1095.

[22] ZHENG H, LI Z, CHEN X. Gear fault diagnosis based on continuous wavelet transform[J]. Mechanical systems and signal processing，2002，16(2)：447-457.

[23] HUANG N E, SHEN Z, LONG S R, et al. The empirical mode decomposition and the Hilbert spectrum for nonlinear and non-stationary time series analysis. Proceedings of the Royal Society of London[J]. Series

A：Mathematical，Physical and Engineering Sciences，1998，454(1971)：903-995.

[24] SMITH J S. The local mean decomposition and its application to EEG perception data[J]. Journal of the Royal Society Interface，2005，2(5)：443-454.

[25] PENG Z K，TSE P W，CHU F L. A comparison study of improved Hilbert-Huang transform and wavelet transform：application to fault diagnosis for rolling bearing[J]. Mechanical systems and signal processing，2005，19(5)：974-988.

[26] BLODT M，CHABERT M，REGNIER J，et al. Mechanical load fault detection in induction motors by stator current time-frequency analysis[J]. Industry Applications，IEEE Transactions on，2006，42(6)：1454-1463.

[27] PETER W T，PENG Y H，YAM R. Wavelet analysis and envelope detection for rolling element bearing fault diagnosis-their effectiveness and flexibilities[J]. Journal of Vibration and Acoustics，2001，123(3)：303-310.

[28] LI C，LIANG M. Time-frequency signal analysis for gearbox fault diagnosis using a generalized synchrosqueezing transform[J]. Mechanical Systems and Signal Processing，2012，26：205-217.

[29] DAUBECHIES I. Ten lectures on wavelets[J]. Society for Industrial and Applied Mathematics，1992.

[30] INGRID DAUBECHIES. 小波十讲[M].李建平，杨万年，译. 北京：国防工业出版社，2004.

[31] 林京，屈梁生. 基于连续小波变换的信号检测技术与故障诊断[J]. 机械工程学报，2000，36(12)：95-100.

[32] 徐金梧，徐科. 小波变换在滚动轴承故障诊断中的应用[J]. 机械工程学报，1997，33(4)：50-55.

[33] 郑海波，李志远. 基于连续小波变换的齿轮故障诊断方法研究[J]. 机械工程学报，2002，38(3)：69-73.

[34] 程军圣，于德介，杨宇，等. 尺度-小波能量谱在滚动轴承故障诊断中的应用[J]. 振动工程学报，2004，17(1)：82-85.

[35] 何正嘉，訾艳阳，孟庆丰，等. 机械设备非平稳信号的故障诊断原理及应用[M]. 北京：高等教育出版社，2001.

[36] 訾艳阳，何正嘉，张周锁. 小波分形技术及其在非平稳故障诊断中的应用[J]. 西安交通大学学报，2000，34(9)：82-87.

[37] 蒋平，贾民平，许飞云，等. 机械故障诊断中微弱信号处理特征的提取[J]. 振动、测试与诊断，2005，25(1)：48-50.

[38] 钱立军，蒋东翔. 小波变换在横向裂纹转子升速过程状态监测中的应用[J]. 中国电机工程学报，2003，23(5)：86-89.

[39] PENG Z，CHU F. Application of the wavelet transform in machine condition monitoring and fault diagnostics：a review with bibliography[J]. Mechanical systems and signal processing，2004，18(2)：199-221.

[40] HU Q，HE Z，ZHANG Z，et al. Fault diagnosis of rotating machinery based on improved wavelet package transform and SVMs ensemble[J]. Mechanical Systems and Signal Processing，2007，21(2)：688-705.

[41] RAFIEE J，TSE P W，HARIFI A，et al. A novel technique for selecting mother wavelet function using an intelligent fault diagnosis system[J]. Expert Systems with Applications，2009，36(3)：4862-4875.

[42] CHEN H X，CHUA P，LIM G. Adaptive wavelet transform for vibration signal modelling and application in fault diagnosis of water hydraulic motor[J]. Mechanical Systems and Signal Processing，2006，20(8)：2022-2045.

[43] TANG B，LIU W，SONG T. Wind turbine fault diagnosis based on Morlet wavelet transformation and Wigner-Ville distribution[J]. Renewable Energy，2010，35(12)：2862-2866.

[44] KANKAR P K，SHARMA S C，HARSHA S P. Fault diagnosis of ball bearings using continuous wavelet transform[J]. Applied Soft Computing，2011，11(2)：2300-2312.

[45] PURUSHOTHAM V，NARAYANAN S，PRASAD S A N. Multi-fault diagnosis of rolling bearing ele-

ments using wavelet analysis and hidden Markov model based fault recognition[J]. Ndt & E International, 2005, 38(8): 654-664.

[46] YAN R, GAO R X, CHEN X. Wavelets for fault diagnosis of rotary machines: A review with applications [J]. Signal Processing, 2014, 96: 1-15.

[47] 郑祖光, 刘莉红. 经验模态分析与小波分析及其应用[M]. 北京: 气象出版社, 2010.

[48] 程军圣, 于德介, 杨宇. 基于 EMD 的能量算子解调方法及其在机械故障诊断中的应用[J]. 机械工程学报, 2004, 40(8): 115-118.

[49] CHENG J, YU D, YANG Y. A fault diagnosis approach for roller bearings based on EMD method and AR model[J]. Mechanical Systems and Signal Processing, 2006, 20(2): 350-362.

[50] YU D, CHENG J, YANG Y. Application of EMD method and Hilbert spectrum to the fault diagnosis of roller bearings[J]. Mechanical systems and signal processing, 2005, 19(2): 259-270.

[51] 钟佑明, 秦树人. HHT 的理论依据探讨——Hilbert 变换的局部乘积定理[J]. 振动与冲击, 2006, 25(2): 12-15.

[52] 胡劲松. 面向旋转机械故障诊断的经验模态分解时频分析方法及实验研究[D]. 杭州: 浙江大学, 2003.

[53] 胡劲松, 杨世锡, 吴昭同, 等. 基于经验模态分解的旋转机械振动信号滤波技术研究[J]. 振动、测试与诊断, 2003, 23(2): 96-98.

[54] LIU B, RIEMENSCHNEIDER S, XU Y. Gearbox fault diagnosis using empirical mode decomposition and Hilbert spectrum[J]. Mechanical Systems and Signal Processing, 2006, 20(3): 718-734.

[55] PENG Z K, TSE P W, CHU F L. An improved Hilbert-Huang transform and its application in vibration signal analysis[J]. Journal of Sound and Vibration, 2005, 286(1): 187-205.

[56] WU F, QU L. Diagnosis of subharmonic faults of large rotating machinery based on EMD[J]. Mechanical Systems and Signal Processing, 2009, 23(2): 467-475.

[57] 冯志鹏, 褚福磊. 基于 Hilbert-Huang 变换的水轮机非平稳压力脉动信号分析[J]. 中国电机工程学报, 2005, 25(10): 111-115.

[58] 康海英, 栾军英, 郑海起, 等. 基于阶次跟踪和经验模态分解的滚动轴承包络解调分析[J]. 机械工程学报, 2007, 43(8): 119-122.

[59] 康守强, 王玉静, 杨广学, 等. 基于经验模态分解和超球多类支持向量机的滚动轴承故障诊断方法[J]. 中国电机工程学报, 2011, 31(14): 96-102.

[60] 李琳, 张永祥, 明廷涛. EMD 降噪的关联维数在齿轮故障诊断中的应用研究[J]. 振动与冲击, 2009, 28(4): 145-148.

[61] YANG Y, YU D, CHENG J. A roller bearing fault diagnosis method based on EMD energy entropy and ANN[J]. Journal of sound and vibration, 2006, 294(1): 269-277.

[62] 汤宝平, 蒋永华, 张详春. 基于形态奇异值分解和经验模态分解的滚动轴承故障特征提取方法[J]. 机械工程学报, 2010, (5): 37-42.

[63] WU Z, HUANG N E. Ensemble empirical mode decomposition: a noise-assisted data analysis method[J]. Advances in adaptive data analysis, 2009, 1(01): 1-41.

[64] 窦东阳, 赵英凯. 集合经验模式分解在旋转机械故障诊断中的应用[J]. 农业工程学报, 2010, 26(2): 190-196.

[65] 雷亚国. 基于改进 Hilbert-Huang 变换的机械故障诊断. 机械工程学报[J]. 2011, 47(5): 71-77.

[66] 王书涛, 李亮, 张淑清, 等. 基于 EEMD 样本熵和 GK 模糊聚类的机械故障识别[J]. 中国机械工程, 2013, 24(22): 3036-3040.

[67] LEI Y, HE Z, ZI Y. Application of the EEMD method to rotor fault diagnosis of rotating machinery[J]. Mechanical Systems and Signal Processing, 2009, 23(4): 1327-1338.

[68] LEI Y, LIN J, HE Z, et al. A review on empirical mode decomposition in fault diagnosis of rotating ma-

chinery[J]. Mechanical Systems and Signal Processing, 2013, 35(1): 108-126.

[69] 程军圣, 张亢, 杨宇, 等. 局部均值分解与经验模式分解的对比研究[J]. 振动与冲击, 2009, 28(5): 13-16.

[70] 张亢, 程军圣, 杨宇. 基于自适应波形匹配延拓的局部均值分解端点效应处理方法[J]. 中国机械工程, 2010, 21(4): 457-462.

[71] 程军圣, 杨怡, 张亢, 等. 基于局部均值分解的循环频率和能量谱在齿轮故障诊断中的应用[J]. 振动工程学报, 2011, 24(1): 78-83.

[72] CHENG J, ZHANG K, YANG Y. An order tracking technique for the gear fault diagnosis using local mean decomposition method[J]. Mechanism and Machine Theory, 2012, 55: 67-76.

[73] 张亢, 程军圣, 杨宇. 基于局部均值分解的阶次跟踪分析及其在齿轮故障诊断中的应用[J]. 中国机械工程, 2011, 22(14): 1732-1736.

[74] 陈保家, 何正嘉, 陈雪峰, 等. 机车故障诊断的局域均值分解解调方法[J]. 西安交通大学学报, 2010, 44(5): 40-44.

[75] 刘卫兵, 李志农, 蒋静. 基于局域均值分解和Wigner高阶矩谱的机械故障诊断方法的研究[J]. 振动与冲击, 2010, 29(6): 170-173.

[76] 任达千, 杨世锡, 吴昭同, 等. LMD时频分析方法的端点效应在旋转机械故障诊断中的影响[J]. 中国机械工程, 2012, 23(8): 951-956.

[77] CHEN B, HE Z, CHEN X, et al. A demodulating approach based on local mean decomposition and its applications in mechanical fault diagnosis[J]. Measurement Science and Technology, 2011, 22(5): 055704.

[78] LIU W, ZHANG W, HAN J, et al. A new wind turbine fault diagnosis method based on the local mean decomposition[J]. Renewable Energy, 2012, 48: 411-415.

[79] YANG Y, CHENG J, ZHANG K. An ensemble local means decomposition method and its applicationto local rub-impact fault diagnosis of the rotor systems[J]. Measurement, 2012, 45(3): 561-570.

[80] WANG Y, HE Z, ZI Y. A demodulation method based on improved local mean decomposition and its application in rub-impact fault diagnosis[J]. Measurement Science and Technology, 2009, 20(2): 025704.

[81] 李志农, 刘卫兵, 易小兵. 基于局域均值分解的机械故障欠定盲源分离方法研究[J]. 机械工程学报, 2011, 47(7): 97-102.

[82] 张超, 陈建军. 随机共振消噪和局域均值分解在轴承故障诊断中的应用[J]. 中国机械工程, 2013, 24(002): 214-219.

[83] 徐继刚, 赵荣珍, 朱永生, 等. 局部均值分解在旋转机械复合故障诊断中的应用[J]. 噪声与振动控制, 2012, 32(5): 144-149.

[84] 唐贵基, 王晓龙. 基于局部均值分解和切片双谱的滚动轴承故障诊断研究[J]. 振动与冲击, 2013, 32(24): 83-88.

[85] 杨斌, 程军圣. 基于LMD和主分量分析的齿轮损伤识别方法[J]. 振动、测试与诊断, 2013, 33(5): 809-813.

[86] 聂鹏, 高辉, 陈彦海, 等. 局部均值分解在刀具故障诊断中的应用.[J] 北京理工大学学报, 2012, 32(011): 1125-1128.

[87] 王欢欢. 风力发电机旋转机械故障诊断虚拟仪器系统研究[D]. 长沙: 湖南大学, 2012.

[88] 程军圣, 张亢, 杨宇. 基于噪声辅助分析的总体局部均值分解方法[J]. 机械工程学报, 2011, 47(003): 55-62.

[89] 褚福磊, 彭志科, 冯志鹏. 机械故障诊断中的现代信号处理方法[M]. 北京: 科学出版社, 2009.

[90] HUANG N E, SHEN Z, LONG S R. A new view of nonlinear water waves: The Hilbert Spectrum 1[J]. Annual review of fluid mechanics, 1999, 31(1): 417-457.

[91] HUANG N E, WU M C, LONG S R, et al. A confidence limit for the empirical mode decomposition and

Hilbert spectral analysis. Proceedings of the Royal Society of London[J]. Series A：Mathematical, Physical and Engineering Sciences，2003，459(2037)：2317-2345.

［92］秦贤宏，段学军，李慧. 基于 EMD 的我国经济增长波动多尺度分析[J]. 地理与地理信息科学，2008，24（2）：44-47.

［93］陈林，宋海斌. 基于经验模态分解的地震瞬时属性提取[J]. 地球物理学进展，2008，23(4)：1179-1185.

［94］孙娴，林振山. 经验模态分解下中国气温变化趋势的区域特征[J]. 地理学报，2007，62(11)：1132-1141.

［95］PACHORI R B, BAJAJ V. Analysis of normal and epileptic seizure EEG signals using empirical mode decomposition[J]. Computer methods and programs in biomedicine，2011，104(3)：373-381.

［96］PACHORI R B. Discrimination between ictal and seizure-free EEG signals using empirical mode decomposition[J]. Research Letters in Signal Processing，2008，2008(ID293056)：1-5.

［97］黄天立，邱发强，楼梦麟. 基于改进 HHT 方法的密集模态结构参数识别[J]. 中南大学学报（自然科学版），2011，42(7)：2054-2062.

［98］HUANG N E, Z WU. A review on Hilbert-Huang transform：Method and its applications to geophysical studies[J]. Reviews of Geophysics，2008，46(2)，doi:10.1029/2007RG000228.

［99］XU Y, ZHANG H. Recent mathematical developments on empirical mode decomposition[J]. Advances in Adaptive Data Analysis，2009，1(4)：681-702.

［100］程军圣，张亢，杨宇. 局部均值分解方法及其在滚动轴承故障诊断中的应用[J]. 中国机械工程，2009，20(22)：2711-2717.

［101］FREI M G, I OSORIO. Intrinsic time-scale decomposition：time-frequency-energy analysis and real-time filtering of non-stationary signals[J]. Proceedings of the Royal Society A：Mathematical, Physical and Engineering Science，2007，463(2078)：321-342.

［102］黄大吉，赵进平，苏纪兰. 希尔伯特-黄变换的端点延拓[J]. 海洋学报，2003，25(1)：1-11.

［103］林丽，周霆，余轮. EMD 算法中边界效应处理技术[J]. 计算机工程，2009，35(23)：265-268.

［104］CHENG J, YU D, YANG Y. Application of support vector regression machines to the processing of end effects of Hilbert-Huang transform[J]. Mechanical Systems and Signal Processing，2007，21（3）：1197-1211.

［105］RILLING G, FLANDRIN P, GONCALVES P. On empirical mode decomposition and its algorithms[J]. IEEE-EURASIP Workshop on Nonlinear Signal and Image Processing NSIP. 2003，3：8-11.

［106］CHEN Q, HUANG NE, RIEMENSCHNEIDER S, et al. A B-spline approach for empirical mode decompositions[J]. Advances in Computational Mathematics，2006，24(1-4)：171-195.

［107］PEGRAM G, PEEL M, MCMAHON T. Empirical mode decomposition using rational splines：an application to rainfall time series[J]. Proceedings of the Royal Society A：Mathematical, Physical and Engineering Science，2008，464(2094)：1483-1501.

［108］盖强. 局域波时频分析方法的理论研究与应用[D]. 大连：大连理工大学，2001.

［109］盖强，马孝江. 几种局域波分解方法的比较研究[J]. 系统工程与电子技术，2002，24(2)：57-59.

［110］卢文秀，褚福磊. 转子系统碰摩故障的实验研究[J]. 清华大学学报（自然科学版），2005，45(5)：71-73.

［111］XUAN B, XIE Q, PENG S. EMD sifting based on bandwidth[J]. Signal Processing Letters，IEEE，2007，14(8)：537-540.

［112］XIE Q, XUAN B, PENG S, et al. Bandwidth empirical mode decomposition and its application[J]. International Journal of Wavelets，Multiresolution and Information Processing，2008，6(06)：777-798.

［113］COHEN L. Time-frequency analysis：theory and applications[J]. Prentice-Hall，Inc.，1995.

［114］科恩，白居宪. 时-频分析：理论与应用[M]. 西安：西安交通大学出版社，1998.

［115］RILLING G, FLANDRIN P. One or two frequencies? The empirical mode decomposition answers[J]. Signal Processing，IEEE Transactions on，2008，56(1)：85-95.

[116] 杨宇，曾鸣，程军圣. 局部特征尺度分解方法及其分解能力研究[J]. 振动工程学报，2012，25(5)：602-609.

[117] RILLING G, FLANDRIN P. Sampling effects on the empirical mode decomposition[J]. Advances in Adaptive Data Analysis, 2009, 1(01)：43-59.

[118] RILLING G, FLANDRIN P. On the influence of sampling on the empirical mode decomposition. Proc. Int. Conf. Acoust[J]. Speech Signal Process. 2006，3：444-447.

[119] DEERING R, KAISER J F. The use of a masking signal to improve empirical mode decomposition[J]. Acoustics, Speech, and Signal Processing, 2005. Proceedings. (ICASSP'05). IEEE International Conference on. IEEE, 2005, 4(4)：485-488.

[120] YEH J R, SHIEH J, HUANG N E. Complementary ensemble empirical mode decomposition：A novel noise enhanced data analysis method[J]. Advances in Adaptive Data Analysis, 2010, 2(02)：135-156.

[121] TORRES M E, COLOMINAS M A, Schlotthauer G, et al. A complete ensemble empirical mode decomposition with adaptive noise[J]. Acoustics, Speech and Signal Processing(ICASSP), 2011 IEEE International Conference on. IEEE, 2011：4144-4147.

[122] TANG B, DONG S, SONG T. Method for eliminating mode mixing of empirical mode decomposition based on the revised blind source separation[J]. Signal Processing, 2012, 92(1)：248-258.

[123] 胡爱军，孙敬敬，向玲. 经验模态分解中的模态混叠问题[J]. 振动、测试与诊断，2011，31(4)：429-434.

[124] WU Z, HUANG N E. A study of the characteristics of white noise using the empirical mode decomposition method[J]. Proceedings of the Royal Society of London. Series A：Mathematical, Physical and Engineering Sciences, 2004, 460(2046)：1597-1611.

[125] YAN R, LIU Y, GAO R X. Permutation entropy：A nonlinear statistical measure for status characterization of rotary machines[J]. Mechanical Systems and Signal Processing, 2012, 29：474-484.

[126] CAO Y, TUNG W, GAO J B, et al. Detecting dynamical changes in time series using the permutation entropy[J]. Physical Review-Series E, 2004, 70(4；PART 2)：046217-046217.

[127] BANDT C, POMPE B. Permutation entropy：a natural complexity measure for time series[J]. Physical Review Letters, 2002, 88(17)：174102.

[128] 罗洁思，于德介，彭富强. 基于多尺度线调频基信号稀疏分解的信号分离和瞬时频率估计[J]. 电子学报，2010，38(010)：2224-2228.

[129] HUANG N E, WU Z, LONG S R, et al. On instantaneous frequency[J]. Advances in Adaptive Data Analysis, 2009, 1(02)：177-229.

[130] 韩捷，张瑞林. 旋转机械故障机理及诊断技术[M]. 北京：机械工业出版社，1997.

[131] CHU P C, FANC, HUANG N E. Compact Empirical Mode Decomposition：An algorithm to reduce mode mixing, end effect, and detrend uncertainty[J]. Advances in Adaptive Data Analysis, 2012, 4(03)：1-18.

[132] 胡茑庆，张雨，刘耀宗. 转子系统动静件间尖锐碰摩时的振动特征试验研究[J]. 中国机械工程，2002，13(9)：777-780.

[133] 孔正国. 循环平稳解调方法的研究及其在齿轮箱故障诊断中的应用[D]. 汕头：汕头大学，2005.

[134] 何俊. 循环平稳和解调频技术在故障诊断中的研究和应用[D].上海：上海交通大学，2007.

[135] 丁康，孔正国. 振动调幅调频信号的调制边频带分析及其解调方法[J]. 振动与冲击，2006，24(6)：9-12.

[136] 罗洁思，于德介，彭富强. 基于EMD的多尺度形态学解调方法及其在机械故障诊断中的应用[J]. 振动与冲击，2009，28(11)：84-86.

[137] 肖志. Hilbert-Huang变换及其在语音特征提取中的应用[D]. 无锡：江南大学，2008.

[138] KAISER J F. Some useful properties of Teager's energy operators[J]. Acoustics, Speech, and Signal

Processing, 1993. ICASSP-93.，1993 IEEE International Conference on. IEEE, 1993，3：149-152.

［139］MARAGOS P, KAISER J F, QUATIERI T F. Energy separation in signal modulations with application to speech analysis［J］. IEEE Transactions on Signal Processing, 1993，41(10)：3024-3051.

［140］LIANG M, BOZCHALOOI I S. An energy operator approach to joint application of amplitude andfre-quency-demodulations for bearing fault detection［J］. Mechanical systems and signal processing, 2010，24(5)：1473-1494.

［141］程军圣，杨怡，杨宇. 基于 LMD 的能量算子解调机械故障诊断方法［J］. 振动、测试与诊断，2013，32(6)：915-919.

［142］鞠萍华，秦树人，赵玲. 基于 LMD 的能量算子解调方法及其在故障特征信号提取中的应用［J］. 振动与冲击，2011，30(2)：1-4.

［143］GABOR D. Theory of communication［G］. Part 1：The analysis of information. Electrical Engineers.Part III：Radio and Communication Engineering. Journal of the Institution of Engineers, 1946，93(26)：429-441.

［144］VILLE J D. Théorie et applications de la notion de signal analytique［J］. Cables et transmission, 1948，2(1)：61-74.

［145］胡海峰，胡茑庆，秦国军. 基于改进经验 AM-FM 解调的复杂信号瞬时特征分析方法［J］. 国防科技大学学报，2011，33(2)：119-124.

［146］Bearing Data Center, Case Western Reserve University［EB/OL］. http：//csegroups.case.edu/ bearing-datacenter/pages/download-data-file.

［147］姜建东，屈梁生. 相关维数在大机组故障诊断中的应用［J］. 西安交通大学学报，1998，32(4)：27-31.

［148］JIANG J, CHEN J, QU L. The application of correlation dimension in gearbox condition monitoring［J］. Journal of Sound and Vibration, 1999，223(4)：529-541.

［149］YANG J, ZHANG Y, ZHU Y. Intelligent fault diagnosis of rolling element bearing based on SVMs and fractal dimension［J］. Mechanical Systems and Signal Processing, 2007，21(5)：2012-2024.

［150］PATTON R J, CHEN J, SIEW T M. Fault diagnosis in nonlinear dynamic systems via neural networks ［J］. International Conference on. IET, 1994，2：1346-1351.

［151］侯荣涛，闻邦椿，周飙. 基于现代非线性理论的汽轮发电机组故障诊断技术研究［J］. 机械工程学报，2005，41(2)：142-147.

［152］李永强. 高速旋转机械故障的若干非线性动力学问题及故障诊断方法的研究［D］. 沈阳：东北大学，2003.

［153］孟光. 转子动力学研究的回顾与展望［J］. 振动工程学报，2002，15(1)：1-9.

［154］汪慰军，吴昭同. 关联维数在大型旋转机械故障诊断中的应用［J］. 振动工程学报，2000，13(2)：229-234.

［155］PAN H, CUI Y. Automaton Fault Diagnosis Based on Chaos Theory［J］. Applied Mechanics and Materi-als, 2013，427：697-701.

［156］WANG B, REN Z, HOU R. Study on Fault Analysis of Rotor Machinery Using Lyapunov Exponent-Fractal Dimension［J］. Chaos-Fractals Theories and Applications, 2009. IWCFTA'09. International Workshop on. IEEE, 2009：404-407.

［157］WANG B, REN Z, HOU R. Fractal Method on Diagnoses of Rub-impact Coupling Fault［J］. Lubrication Engineering, 2010，5：012.

［158］HE Y, HUANG J, ZHANG B. Approximate entropy as a nonlinear feature parameter for fault diagnosis in rotating machinery［J］. Measurement Science and Technology, 2012，23(4)：045603.

［159］WANG W, CHEN J, WU Z. The application of a correlation dimension in large rotating machinery fault diagnosis［J］. Proceedings of the Institution of Mechanical Engineers, Part C：Journal of Mechanical Engineering Science，2000，214(7)：921-930.

[160] 刘长利，姚红良，张晓伟，等. 碰摩转子轴承系统非线性振动特征的实验研究[J]. 东北大学学报（自然科学版），2003，24(10)：970-973.

[161] ROLO-NARANJO A，MONTESINO-OTERO M E. A method for the correlation dimension estimation for on-line condition monitoring of large rotating machinery[J]. Mechanical Systems and Signal Processing，2005，19(5)：939-954.

[162] WANG B C，REN Z H. Study on Fault Diagnosis of Rotating Machinery Based on Lyapunov Dimension and Exponent Energy Spectrum[J]. Advanced Materials Research，2012，591：2042-2045.

[163] WANG L，MENG H，KANG Y. Fault Diagnosis of Rolling Bearing Based on Lyapunov Exponents [M]// Intelligent Computing and Information Science. Springer Berlin Heidelberg，2011：45-50.

[164] 胥永刚，何正嘉. 分形维数和近似熵用于度量信号复杂性的比较研究[J]. 振动与冲击，2003，22(3)：25-27.

[165] 吕志民，徐金梧. 分形维数及其在滚动轴承故障的诊断中的应用[J]. 机械工程学报，1999，35(2)：88-91.

[166] 蒋东翔，黄文虎，徐世昌. 分形几何及其在旋转机械故障诊断中的应用[J]. 哈尔滨工业大学学报，1996，28(2)：27-31.

[167] 石博强，申焱华. 机械故障诊断的分形方法：理论与实践[M]. 北京：冶金工业出版社，2001.

[168] 彭志科，何永勇. 小波多重分析及其在振动信号分析中应用的研究[J]. 机械工程学报，2002，38(8)：59-63.

[169] LOGEN D，MATHEW J. Using correlation dimension for vibration fault diagnosis of rolling element bearing-I. Basic Concept[J]. Mechanical Systems and Signal Processing，1996，10(3)：241-250.

[170] NAYAK S K，RAMASWAMY R，CHAKRAVARTY C. Maximal Lyapunov exponent in small atomic clusters[J]. Physical Review E，1995，51(4)：3376-3380.

[171] SCHWENGELBECK U，FAISAL F. Definition of Lyapunov exponents and KS entropy in quantum dynamics[J]. Physics Letters A，1995，199(5)：281-286.

[172] LAI S Y. Dimension，entropy and Lyapunov exponents. Ergodic Theory Dynam[J]. Systems，1982，2(1)：109-124.

[173] 陈伟婷. 基于熵的表面肌电信号特征提取研究[D]. 上海：上海交通大学，2008.

[174] 刘秉正，彭建华. 非线性动力学[M]. 北京：高等教育出版社，2004.

[175] PINCUS S. Approximate entropy as a measure of system complexity[J]. Proceedings of the National Academy of Sciences，1991，88(6)：2297-2301.

[176] PINCUS S. Approximate entropy(ApEn) as a complexity measure[J]. Chaos：An Interdisciplinary Journal of Nonlinear Science，1995，5(1)：110-117.

[177] YERAGANI V K，SOBOLEWSKI E，JAMPALA V C，et al. Fractal dimension and approximate entropy of heart period and heart rate：awake versus sleep differences and methodological issues[J]. Clinical Science，1998，95(3)：295-302.

[178] YAN R，GAO R X. Approximate entropy as a diagnostic tool for machinehealth monitoring[J]. Mechanical Systems and Signal Processing，2007，21(2)：824-839.

[179] YANG F，HONG B，TANG Q. Approximate entropy and its application to biosignal analysis[J]. Nonlinear Biomedical Signal Processing：Dynamic Analysis and Modeling，2001,2 ：72-91.

[180] FLEISHER L A，PINCUS S M，ROSENBAUM S H. Approximate entropy of heart rate as a correlate of postoperative ventricular dysfunction[J]. Anesthesiology，1993，78(4)：683-692.

[181] OCAK H. Automatic detection of epileptic seizures in EEG using discrete wavelet transform and approximate entropy[J]. Expert Systems with Applications，2009，36(2)：2027-2036.

[182] BRUHN J, RPCKE H, HOEFT A. Approximate entropy as an electroencephalographic measure of anesthetic drug effect during desflurane anesthesia[J]. Anesthesiology, 2000, 92(3): 715-726.

[183] RICHMAN J S, MOORMAN J R. Physiological time-series analysis using approximate entropy and sample entropy[J]. American Journal of Physiology-Heart and Circulatory Physiology, 2000, 278(6): 2039-2049.

[184] 来凌红, 吴虎胜, 吕建新, 等. 基于EMD和样本熵的滚动轴承故障SVM识别[J]. 煤矿机械, 2011, 32(001): 249-252.

[185] CHEN W, ZHUANG J, YU W, et al. Measuring complexity using FuzzyEn, ApEn, and SampEn[J]. Medical Engineering and Physics, 2009, 31(1): 61-68.

[186] CHEN W, WANG Z, XIE H, et al. Characterization of surface EMG signal based on fuzzy entropy[J]. Neural Systems and Rehabilitation Engineering, IEEE Transactions on, 2007, 15(2): 266-272.

[187] 刘慧, 谢洪波, 和卫星, 等. 基于模糊熵的脑电睡眠分期特征提取与分类[J]. 数据采集与处理, 2010, 25(4): 484-489.

[188] ZANIN M, ZUNINO L, ROSSO O A, et al. Permutation entropy and its main biomedical and econophysics applications: a review[J]. Entropy, 2012, 14(8): 1553-1577.

[189] LI X, CUI S, VOSS L J. Using permutation entropy to measure the electroencephalographic effects of sevoflurane[J]. Anesthesiology, 2008, 109(3): 448-456.

[190] NICOLAOU N, GEORGIOU J. Detection of epileptic electroencephalogram based on Permutation Entropy and Support Vector Machines[J]. Expert Systems with Applications, 2012, 39(1): 202-209.

[191] 冯辅周, 饶国强, 司爱威. 基于排列熵和神经网络的滚动轴承异常检测与诊断[J]. 噪声与振动控制, 2013, 33(3): 212-217.

[192] 冯辅周, 饶国强, 司爱威, 等. 排列熵算法研究及其在振动信号突变检测中的应用[J]. 振动工程学报, 2012, 25(2): 221-224.

[193] M COSTA, GOLDBERGER A L, PENG C-K. Multiscale entropy to distinguish physiologic and synthetic RR time series[J]. Computers in Cardiology, 2002: 137-140.

[194] M COSTA, GOLDBERGER A L, PENG C-K. Multiscale entropy analysis of complex physiologic time series[J]. Physical review letters, 2002, 89(6): 68-102.

[195] ZHANG L, XIONG G, LIU H, et al. Bearing fault diagnosis using multi-scale entropy and adaptive neuro-fuzzy inference[J]. Expert Systems with Applications, 2010, 37(8): 6077-6085.

[196] M COSTA, PENG C-K, GOLDBERGER A L. Multiscale entropy analysis of human gait dynamics[J]. Physica A: Statistical Mechanics and its Applications, 2003, 330(1): 53-60.

[197] M COSTA, GOLDBERGER A L, PENG C-K. Multiscale entropy analysis of biological signals[J]. Physical Review E, 2005, 71(2): 021906.

[198] 胥永刚, 李凌均. 近似熵及其在机械设备故障诊断中的应用[J]. 信息与控制, 2002, 31(6): 547-551.

[199] 张茉. 转子系统振动故障的诊断方法及时频分析技术研究[D]. 沈阳: 东北大学, 2008.

[200] 邓堰. 转子故障智能诊断中的特征提取与选择技术研究[D]. 南京: 南京航空航天大学, 2008.

[201] 陈果. 转子-滚动轴承-机匣耦合系统的不平衡-碰摩耦合故障非线性动力学响应分析[J]. 航空动力学报, 2007, 22(10): 1771-1778.

[202] 张亢, 程军圣, 杨宇. 基于局部均值分解与形态谱的旋转机械故障诊断方法[J]. 振动与冲击, 2013, 32(9): 135-140.

[203] 王凤利. 基于局域波法的转子系统非线性动态特性及应用研究[D]. 大连: 大连理工大学, 2003.

[204] 王钢, 李海锋, 赵建仓, 等. 基于小波多尺度分析的输电线路直击雷暂态识别[J]. 中国电机工程学报, 2004, 24(4): 139-144.

[205] 王文圣, 丁晶. 水文时间序列多时间尺度分析的小波变换法[J]. 四川大学学报: 工程科学版, 2002, 34

(6)：14-17.

[206] 沈恩华. 脑电的复杂度分析[D]. 上海：复旦大学，2005.

[207] 张佃中. Lempel-Ziv 复杂度算法中粗粒化方法分析及改进[J]. 计算物理，2008，25(4)：499-504.

[208] 徐玉秀，任立义. 基于专家系统与神经网络集成的故障诊断的应用研究[J]. 振动与冲击，2001，20(3)：32-34.

[209] 周志华，陈世福. 神经网络集成[J]. 计算机学报，2002，25(1)：1-8.

[210] 屈梁生，张海军. 机械诊断中的几个基本问题[J]. 中国机械工程，2000，11(1)：211-216.

[211] 杨宇. 基于 EMD 和支持向量机的旋转机械故障诊断方法研究[D]. 长沙：湖南大学，2005.

[212] WANG H，CHEN P. Intelligent diagnosis method for rolling element bearing faults using possibility theory and neural network[J]. Computers and Industrial Engineering，2011，60(4)：511-518.

[213] XIANG X，ZHOU J，LI C，et al. Fault diagnosis based on Walsh transform and rough sets[J]. Mechanical Systems and Signal Processing，2009，23(4)：1313-1326.

[214] LEI Y，HE Z，ZI Y，et al. New clustering algorithm-based fault diagnosis using compensation distance evaluation technique[J]. Mechanical Systems and Signal Processing，2008，22(2)：419-435.

[215] LEI Y，HE Z，ZI Y，et al. Fault diagnosis of rotating machinery based on multiple ANFIS combination with GAs[J]. Mechanical Systems and Signal Processing，2007，21(5)：2280-2294.

[216] 王生昌，赵永杰，许青杰. 基于自适应模糊神经网络的故障诊断方法[J]. 汽车工程，2006，28(4)：398-400.

[217] 雷亚国，何正嘉，訾艳阳. 基于混合智能新模型的故障诊断[J]. 机械工程学报，2008，44(7)：112-117.

[218] 何学文，赵海鸣. 支持向量机及其在机械故障诊断中的应用[J]. 中南大学学报(自然科学版)，2005，36(1)：97-101.

[219] 张周锁，李凌均. 基于支持向量机的机械故障诊断方法研究[J]. 西安交通大学学报，2002，36(12)：1303-1306.

[220] 魏于凡. 支持向量机在智能故障诊断中的应用研究[D]. 北京：华北电力大学，2007.

[221] 朱大奇，于盛林. 基于知识的故障诊断方法综述[J]. 安徽工业大学学报(自然科学版)，2002，19(3)：197-204.

[222] 蒋瑜，陈循. 智能故障诊断研究与发展[J]. 兵工自动化，2002，21(2)：12-15.

[223] 吴蒙，贡璧. 人工神经网络和机械故障诊断[J]. 振动工程学报，1993，6(2)：153-163.

[224] 杨宇，于德介，程军圣. 基于 EMD 与神经网络的滚动轴承故障诊断方法[J]. 振动与冲击，2005，24(1)：85-88.

[225] 虞和济，陈长征. 基于神经网络的智能诊断[J]. 振动工程学报，2000，13(2)：202-209.

[226] 韩祯祥，张琦. 粗糙集理论及其应用综述[J]. 控制理论与应用，1999，16(2)：153-157.

[227] 冯长建. HMM 动态模式识别理论、方法以及在旋转机械故障诊断中的应用[D]. 杭州：浙江大学，2002.

[228] ISERMANN R. Supervision，fault-detection and fault-diagnosis methods—an introduction[J]. Control engineering practice，1997，5(5)：639-652.

[229] FENTON W G，MCGINNITY T M，MAGUIRE L P. Fault diagnosis of electronic systems using intelligent techniques：a review[J]. Systems，Man，and Cybernetics，Part C：Applications and Reviews，IEEE Transactions on，2001，31(3)：269-281.

[230] YANG B S，HAN T，KIM Y S. Integration of ART-Kohonen neural network and case-based reasoning for intelligent fault diagnosis[J]. Expert Systems with Applications，2004，26(3)：387-395.

[231] WIDODO A，YANG B S. Support vector machine in machine condition monitoring and FAULT diagnosis[J]. Mechanical Systems and Signal Processing，2007，21(6)：2560-2574.

[232] LEI Y，HE Z，ZI Y. A new approach to intelligent fault diagnosis of rotating machinery[J]. Expert Systems with Applications，2008，35(4)：1593-1600.

[233] WANG C，KANG Y，SHEN P，et al. Applications of fault diagnosis in rotating machinery by using time series analysis with neural network[J]. Expert Systems with Applications，2010，37(2)：1696-1702.

[234] 徐启华，师军. 应用 SVM 的发动机故障诊断若干问题研究[J]. 航空学报，2005，26(6)：005.

[235] 李蓉，叶世伟，史忠植. SVM-KNN 分类器——一种提高 SVM 分类精度的新方法[J]. 电子学报，2002，30(5)：745-748.

[236] FEI S，ZHANG X. Fault diagnosis of power transformer based on support vector machine with genetic algorithm[J]. Expert Systems with Applications，2009，36(8)：11352-11357.

[237] 武星星，朱喜林，杨会肖. 自适应神经模糊推理系统改进算法在机械加工参数优化中的应用[J]. 机械工程学报，2008，44(1)：199-204.

[238] RAGHURAJ R，LAKSHMINARAYANAN S. VPMCD：Variable interaction modeling approach for class discrimination in biological systems[J]. FEBS letters，2007，581(5)：826-830.

[239] RAGHURAJ R，LAKSHMINARAYANAN S. Variable predictive model based classification algorithm for effective separation of protein structural classes[J]. Computational biology and chemistry，2008，32(4)：302-306.

[240] YANG Y，WANG H，CHENG J，et al. A fault diagnosis approach for roller bearing based on VPMCD under variable speed condition[J]. Measurement，2013，46(8)：2306-2312.

[241] 程军圣，马兴伟，杨宇. 基于 VPMCD 和 EMD 的齿轮故障诊断方法[J]. 振动与冲击，2013，32(20)：9-13.

[242] 程军圣，于德介，杨宇. 基于内禀模态奇异值分解和支持向量机的故障诊断方法[J]. 自动化学报，2006，32(3)：475-480.

[243] 杨宇，于德介，程军圣. 基于 EMD 的奇异值分解技术在滚动轴承故障诊断中的应用[J]. 振动与冲击，2005，24(2)：12-15.

[244] LEI Y，HE Z，ZI Y. EEMD method and WNN for fault diagnosis of locomotive roller bearings[J]. Expert Systems with Applications，2011，38(6)：7334-7341.

[245] YU D，YANG Y，CHENG J. Application of time-frequency entropy method based on Hilbert-Huang transform to gear fault diagnosis[J]. Measurement，2007，40(9)：823-830.

[246] LEI Y，HE Z，ZI Y. Application of an intelligent classification method to mechanical fault diagnosis[J]. Expert Systems with Applications，2009，36(6)：9941-9948.

[247] 欧璐，于德介. 基于监督拉普拉斯分值和主元分析的滚动轴承故障诊断[J]. 机械工程学报，2014，50(5)：88-94.

[248] HE X，CAI D，NIYOGI P. Laplacian score for feature selection. NIPS[J]. 2005，186：189.

[249] 张利群，朱利民. 几个机械状态监测特征量的特性研究[J]. 振动与冲击，2001，20(1)：20-21.

[250] 马波，魏强，徐春林，等. 基于 Hilbert 变换的包络分析及其在滚动轴承故障诊断中的应用[J]. 北京化工大学学报，2004，31(6)：95-97.

[251] 杨建博，袁中凡. 基于最优互信息的特征选取[J]. 计算机与信息技术，2008，4：006.

[252] ZHAO Z，LIU H. Semi-supervised Feature Selection via Spectral Analysis[C]//Proceedings of the 7th SIAM International Conference on Data Mining. Minneapolis：SIAM 2007：641-646.

[253] GU Q，LI Z，HAN J. Generalized fisher score for feature selection[C]//Proceedings of the twenty-seventh conference on uncertainty in artificial intelligence. Barcelona，Spain：[s.n.]，2011.

[254] BELKIN M，NIYOGI P. Laplacian eigenmaps and spectral techniques for embedding and clustering[J]. NIPS. 2001，14：585-591.

[255] BELKIN M，NIYOGI P. Laplacian eigenmaps for dimensionality reduction and data representation[J]. Neural computation，2003，15(6)：1373-1396.